U0396520

M

模具制造
技术基础

黄学飞　主　编
李兆飞　副主编

华南理工大学出版社
SOUTH CHINA UNIVERSITY OF TECHNOLOGY PRESS

·广州·

图书在版编目（CIP）数据

模具制造技术基础/黄学飞主编. —广州：华南理工大学出版社，
2015.7

ISBN 978 - 7 - 5623 - 4629 - 6

Ⅰ.①模…　Ⅱ.①黄…　Ⅲ.①模具—制造—高等职业教育—教材
Ⅳ.①TG76

中国版本图书馆 CIP 数据核字（2015）第 097618 号

模具制造技术基础

黄学飞　主编

出 版 人：韩中伟

出版发行：华南理工大学出版社

　　　　　（广州五山华南理工大学 17 号楼，邮编 510640）

　　　　　http：//www. scutpress. com. cn　　E-mail：scutc13@ scut. edu. cn

　　　　　营销部电话：020 - 87113487　87111048（传真）

责任编辑：李彩霞

印 刷 者：广东省农垦总局印刷厂

开　　本：787mm×960mm　1/16　印张：12　字数：250 千

版　　次：2015 年 7 月第 1 版　2015 年 7 月第 1 次印刷

定　　价：28.00 元

M　　　前　言

　　本书是根据高职学生的特点编写的。全书共分 16 个任务，内容包括：模具制作工艺过程、常用模具材料及热处理、模具零件加工切削表面质量控制、模具零件加工精度控制、常用加工方法、平面加工方法、圆柱面加工、孔和孔系加工方法、型面仿形加工方法、杆类零件的加工工艺方案、套类零件的加工工艺方案、板类零件的加工工艺方案、滑块的加工工艺方案、凸模的加工工艺方案、凹模的加工工艺方案、塑料模的型腔加工工艺方案等。

　　本书在保证各种加工方法的完整性和系统性的同时，突出工艺方法的实用性和适度性，通过典型模具零件的工艺分析，突出模具制造技术的综合性，以体现"工学交替、做中得学、工学合一、专门知识够用为度"的原则，同时注重知识与能力和技能培养之间的"接口"的打通。

　　本书适合作为高职高专模具专业教材，也可作为有关学校相近专业的教学用书，并可供从事模具设计与制造方面工作的工程技术人员参考。

编　者
2015 年 5 月

目 录 ··········

任务一 模具制造工艺过程

 请你思考：

你知道模具制造的工艺过程吗？

 **一起来学：**

本任务主要学习模具生产过程。

模具生产过程，是指将用户提供的产品信息、制件的技术信息，通过结构分析、工艺性分析，设计成模具。其过程是将原材料经过加工、装配，转变为具有使用功能的成型工具的全过程。如图 1–1。

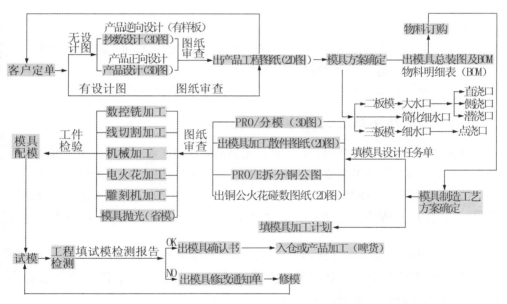

图 1–1　某模具公司的模具制造流程图

模具生产过程分以下几个阶段：

下面分别叙述这些阶段。

1.1 技术准备

1.1.1 模具设计制图

在进行模具设计时，首先要尽量多收集信息，并认真地加以研究，然后再进行模具设计。若不这样做，即使设计出的模具功能优良、精度很高，也不能符合要求，所完成的设计并不是最佳设计。所要收集的信息有：

（1）来自营业方面的信息，包括制品产量（月产量和总产量等）、制品单价、模具价格和交货期、被加工材料的性质及供应方法、将来的市场变化等。此类信息最重要。

（2）所要加工制品的质量要求、用途以及设计修正、改变形状和公差的可能性。

（3）生产部门的信息，包括使用模具的设备性能、规格、操作方法以及技术条件。

（4）模具制造部门的信息，包括加工设备及技术水平等。

（5）标准件及其他外购件的供应情况等。

模具制造过程所需的图纸有：

（1）装配图。如果模具设计方案及其结构已经确定，就可以绘制装配图。

（2）零件图。零件图要根据装配图绘制，使其满足各种配合关系，并注明尺寸公差及表面粗糙度，有的还要写明技术条件。标准件不必画零件图。

1.1.2 分析估算工时费用与模具价格

在接受模具制造的委托时，首先要根据制品零件图样或实物，分析研究将采用模具的套数、模具结构及主要加工方法，然后进行模具估算。估算的内容包括：

（1）模具费用。指材料费、外购零件费、设计费、加工费、装配调整及试模费等。必要时，还要估算各种加工方法所用的工具及其加工费等，最后得出模具制造价格。

（2）交货期。估算完成每项工作的时间，并决定交货期。

（3）模具总寿命。估算模具的单次寿命以及经多次简单修复后的总寿命（即在不发生事故的情况下，模具的自然寿命）。

（4）制品材料。制品规定使用的材料性能、尺寸大小、消耗量以及材料的利用率等。

（5）所用的设备。了解应用模具的设备性能、规格及其附属设备。

在进行模具估算时，只注意模具费用及交货期是不够的。一个优秀的模具技术人员，应该对模具制造和试模过程中可能出现的问题以及制成后的使用情况有充分的了解和估计。

1.2 模具方案确定

（1）模具方案策划。分析产品零件结构、尺寸精度、表面质量要求，以及成形工艺。

（2）模具结构技术设计。进行成型件造型、结构设计。包括定位、导向、卸料以及相关参数设定等设计，即总成设计。

模具设计方案确定之后，即完成了模具的设计部分。接下来是进入模具的制造部分，可用图1-2来表示。

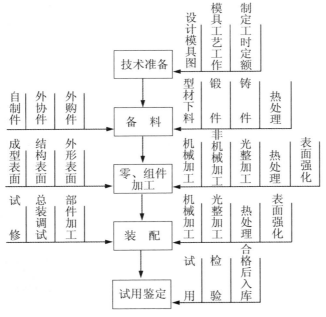

图1-2 模具的制造过程示意图

1.3 模具制造工艺方案确定

（1）研究模具装配图和零件图，进行工艺分析。

（2）确定毛坯种类、尺寸及其制造方法。

（3）拟定零件加工工艺路线，包括选择定位基准、确定加工方法、划分加工阶段、安排加工顺序和决定工序内容等。

（4）确定各工序的加工余量，计算工序尺寸及其公差。

（5）选择机床、工艺装备、切削用量及工时定额。

（6）填写工艺文件。

1.4　模具加工

模具零件绝大多数为金属材料，主要的加工方法有机械加工、特种加工等。

1.4.1　机械加工

机械加工（即传统的切削与磨削加工）与现代数控机床加工，是模具制造中不可缺少的一种重要加工方法。即使采用其他方法加工制造模具，机械加工也常作为零件粗加工和半精加工的主要方法。机械加工的主要特点是加工精度和生产效率高，通用性好，用相同的设备和工具可以加工出各种形状和尺寸的工件。但是，用机械加工方法加工形状复杂的工件时，其加工速度很慢，且难以加工高硬度材料。

1.4.2　特种加工

特种加工是有别于传统机械加工的加工方法，因为它不是用力进行加工的，所以不要求工具的硬度大于工件的硬度。它是直接利用电能、声能、光能、化学能等来去除工件上的余量，以达到一定形状、尺寸和表面粗糙度要求的加工方法，其中包括电火花成型加工、电火花线切割加工、超声波加工、激光加工、化学加工等。

1.5　装配试模

（1）装配调整。装配就是将加工好的零件组合在一起构成一副完整的模具。除紧固定位用的螺钉和销钉外，一般零件在装配调整过程中仍需一定的人工修研或机械加工。

（2）试模。装配调试好的模具，需要安装到机器设备上进行试模。检查模具在运行过程中是否正常，所得到的制品是否符合要求。如有不符合要求的则必须拆下模具加以修正，然后再次试模，直到能够完全正常运行并能加工出合格的制品。

任务二 常用模具材料及热处理

 请你思考：

你知道常用的模具材料有哪些吗？

你知道热处理有哪些吗？

 一起来学：

➡ 冷作模具钢的性能特点、热处理及选用。

➡ 热作模具钢的性能特点、热处理及选用。

➡ 塑料具钢的性能特点、热处理及选用。

➡ 压铸模具材料的性能特点、热处理及选用。

国内在生产上使用的模具材料品种较多，冷模用 CrWMn、Cr12、Cr12MoV 等，热模用 3CrW8V、6542 等。现从冷作模具钢、热作模具钢、塑料模具钢、压铸模具材料等方面，扼要分析模具钢的性能特点及热处理，同时例举了常用材料的应用范围与热处理的常用方式，最后针对冷作模具的使用情况，对模具材料的应用进行了推荐，并举出较多的实例与热处理方法，供学习者参考。学习者应结合相关实例，体会不同模具的材料选用方法，并结合书本上介绍的应用案例，比较它们的优缺点；要能够对冷作模具材料特性进行比较，选用更为合理的模具材料。

2.1 冷作模具材料

2.1.1 冷作模具材料概述

一般用于制造在冷状态（室温）条件下压制成型的模具，如冷冲压模、冷拉深模、冷镦模、冷挤压模、冷拉丝模、压弯模、滚丝模、冲剪模、冷成型模等模具都属于冷作模具。目前，使用最多的冷作模具材料是冷作模具钢和硬质合金。由于各种冷作模具的工作条件不完全相同，因此，对冷作模具的性能要求也不尽相同。在选用冷作模具钢和确定最佳冷加工工艺时，要综合分析冷作模具的工作条件、失效方式及材料性能。

冷作模具材料主要性能要求有强度、硬度、韧性和耐磨性。按照钢中合金含量并结合使用性能考虑，可划分为碳素工具钢、低合金油淬冷作模具钢、空淬冷作模具钢、高碳高铬型冷作模具钢、高耐磨高强模具钢、低碳高速钢和基体钢及用粉末冶金工艺生产的高合金模具材料等。表2-1列出了常用冷作模具材料概况。

表2-1 常用冷作模具材料概况

钢 种	牌号举例
碳素工具钢	T7、T8A、T10A、T11、T12
油淬冷作模具钢	9Mn2V、9SiCr、9CrWMn CrWMn、Cr2
空淬冷作模具钢	Cr5Mo1V、Cr6WV、Cr4W2MoV 8Cr2MnWMoVSi
高碳高铬冷作模具钢	Cr12、Cr12MoV、Cr12Mo1V1
基体钢和低碳高速钢	6W6MoSiCr4V、6Cr4W3Mo2VNb、7Cr7Mo2V2Si
高耐磨高强模具钢	W18Cr4V、W6MoSiCr4V2、W12Mo3Cr4V3N
火焰淬火冷作模具钢	7CrSiMnMoV
无磁冷作模具钢	7Mn15Cr2Al3V2WMo（7Mn15）
硬质合金	YG8、YG15、YG20、YG25
钢结硬质合金	DT、TLMW50、GT35

2.1.2 冷作模具材料的性能要求

冷作模具在工作中由于受到拉伸、压缩、弯曲、冲击、疲劳、摩擦等机械力的作用，会发生脆断、磨损、塑性变形、咬合、啃伤、软化等现象。因此，冷作模具材料应具备一定的断裂抗力、变形抗力、磨损抗力、疲劳抗力以及抗咬合的能力。

1. 冷作模具材料的使用性能要求

（1）硬度和耐磨性。

硬度和耐磨性是冷作模具材料的最基本性能之一，模具的硬度应高出工件硬度30%～50%，一般为58～64HRC，以保证模具在工作过程中抗压、耐磨、不变形、抗粘合。

（2）强度和韧性。

模具材料应具有足够的强度和韧性，以防在冲击载荷下发生脆性断裂。

（3）抗疲劳性能。

模具材料应具有良好的抗疲劳性能，以防模具在交变载荷作用下发生疲劳破坏。

（4）热硬性。

冷作模具材料应具有一定的热硬性，以保证模具在高速冲压或重负荷冲压工序中不因温度的升高而软化。

2. 冷作模具材料的工艺性能要求

冷作模具材料的工艺性能，直接关系到模具的制造周期及制造成本，必须加以注意。对冷作模具材料的工艺性能要求，主要有锻造工艺性、切削工艺性、热处理工艺性等。

（1）锻造工艺性。

良好的锻造工艺性是指可锻性好，即热锻变形抗力低、塑性好、锻造温度范围宽，锻裂、冷裂及析出网状碳化物缺陷的倾向低。

（2）切削工艺性。

切削工艺性是指可加工性和可磨削性。对可加工性的要求是切削用量大、刀具损耗低、加工表面平滑光洁。对可磨削性的要求是砂轮相对耗损量小、无烧伤极限磨削用量大、对砂轮质量及冷却条件不敏感、不易发生磨伤和磨裂。

（3）热处理工艺性。

①退火工艺性：对退火工艺性的要求是球化退火温度范围宽、退火硬度（一般为 $227 \sim 241$ HRC）低而稳定和形成片状组织倾向低。

②淬透性：对淬透性的要求是淬火后易于获得深透的硬化层和适应于用缓和的淬火剂冷却硬化。淬透性指标包括淬透临界直径（D_c）、标准端淬深度（d）和临界淬火冷速（v_c）。

③淬硬性：对淬硬性的要求是淬火后易于获得高而均匀的表面硬度（一般为 60 HRC 左右）。

④脱碳、侵蚀敏感性：对脱碳、侵蚀敏感性的要求是高温加热时脱碳速度慢、抗氧化性能好、对淬火加热介质不敏感，生成麻点的倾向低。

⑤过热敏感性：对过热敏感性的要求是获得细晶粒、隐晶马氏体的淬火温度范围宽。

⑥淬裂敏感性：对淬裂敏感性的要求是常规开裂敏感性低、对淬火温度及工件的尖角形状因素不敏感和缓慢冷却可淬硬。

⑦淬火变形倾向：对淬火变形倾向的要求是常规淬火体积变化小、形状翘曲和畸形轻微、异常变形倾向低。淬火变形倾向指标包括临界淬火冷速（v_c）、淬火体积变化率（ΔV）、不同流线取向的试样的变形差异率（A_c）和 C 形试样变形量（ΔC）。

2.1.3 各种冷作模材料的选用

1. 冷冲裁模材料的选用

（1）冷冲裁模材料的选用原则和方法。

选用冷冲裁模用钢主要应考虑模具寿命，但寿命长短不是唯一的选用依据；还应考虑冲压件的材质，如铝、铜、镁合金、普通碳素钢、低合金钢、弹簧钢和硅钢片等，不同材质的冲压件，其冲压难易程度相差极大；另外应考虑冲压件的产量，如批量不大，选用长寿命模具就没有必要；冲压件的形状、尺寸、厚度、尺寸公差和毛刺等各种因素对模具寿命影响极大，也应考虑；除此之外，还要考虑钢种价格以及模具材料费占模具总费用的份额，如模具形状复杂，很难加工，加工费用占模具总费用比例很高，而模具材料费只占总费用很小比例，就要选高性能模具钢。因冲压件材质及模具功能的不同，对模具硬度的要求也不同。对冷冲裁模的要求主要是对模具刃口的要求，模具刃口部位应具有较高的硬度、耐磨性及一定的韧性。

（2）冷冲裁模材料的具体选用。

①薄板冷冲裁模用钢。对薄板冷冲裁模用钢要求具有高的耐磨性。长期以来，国内薄板冷冲裁模主要用材有 T10A、CrWMn、9Mn2V、Cr12 及 Cr12MoV 等。其中 T10A 等碳素工具钢只适用于零件总数较少、冲压件形状简单、尺寸小的模具。碳钢淬透性差，淬火后容易变形及开裂。CrWMn 可用于冲压件总数多且形状复杂、尺寸较大的模具，但与 T10A 钢一样，耐磨性差，锻造控制不当时，易产生网状碳化物，模具易崩刃；与其他合金模具钢比较，CrWMn 热处理变形较大。Cr12 及 Cr12MoV 耐磨性较高，性能比前几种钢好，但该类钢存在碳化物不均匀性，网状碳化物较严重，使用过程中易出现崩刃及断裂，因而使用寿命也不长。

②厚板冷冲裁模用钢。同薄板冷冲裁模相比，厚板冷冲裁模承受的机械载荷更高，而且，随着冲裁毛坯厚度的增加，刃口更易磨损，凸模容易崩刃、折断。因此，厚板冷冲裁模用钢既要有高的耐磨性，又要有良好的强韧性。

厚板冷冲裁模用钢主要有 Cr12MoV、W18Cr4V、W6Mo5Cr4V2 及 T8A 等。冲件批量较小时可用 T10A，对于批量较大的中厚板冷冲裁模常用 W8Cr4V、W6Mo5CrV2 做凸模，用 Cr12MoV 做凹模。高速钢及 Cr12 的耐磨性及抗压强度较高，但这两类钢的韧性较差，碳化物分布不均匀，模具易崩刃及断裂，影响模具使用寿命。

为进一步延长厚板冷冲裁模具寿命，研制了一些新型模具钢 LD、65Nb、012Al、CG2、LM1、LM2、GD、低碳 M2、火焰淬火模具钢 7CrSiMnMoV 及马氏体时效钢，代替 Cr12MoV 和高速钢制造模具，可以大幅度延长模具寿命。

表2-2 是新型冷作模具钢在冷冲裁模方面的应用实例。

表2-2 新型冷作模具钢在冷冲裁模方面的应用实例

模具名称	钢　号	平均寿命对比
簧片凹模	Cr12、CrWMn GD	总寿命：15 万件 60 万件
接触簧片级进模凸模	W6MoSiCr4V2 GD	总寿命：0.1 万件 2.5 万件

续表 2 - 2

模具名称	钢　号	平均寿命对比
GB66 光冲模	60Si2Mn LD	总寿命：1.0 万～1.2 万件 4.0 万～7.2 万件
中厚 45 钢板落料模	Cr12MoV、T10A 7CrSiMnMoV	刃磨一次寿命：600 件 1 300 件
转子片复式冲模	Cr12、Cr12MoV GM ER5	总寿命：20 万～30 万件 100 万～120 万件 50 万～360 万件
印刷电路板冲裁模	T10A、CrWMn 8Cr2MnWMoVSi	总寿命：2 万～5 万件 15 万～20 万件
高速冲模	W12Cr4Mo2VRE	总寿命：200 万～300 万件 （模具费用比 YG20 大大降低）

对于冲裁模工作零件材料的选用见表 2 - 3。

表 2 - 3　冲裁模工作零件材料的选用

模具类型		工作条件	材料牌号
冲裁模	薄板冲裁模	形状简单，尺寸小，批量小	T10A
		形状较复杂，批量小	9Mn2V、CrWMn、8Cr2MnWMoVSi、Cr5Mo1V
		形状复杂，批量小	Cr12、Cr12MoV、D2、W6Mo5Cr4V2
		冲制强度高、变形抗力大的板材	Cr12、D2、Cr4W2MoV、CD、GM、ER5
	厚板冲裁模	批量小	T8A
		批量较大	W6Mo5Cr4V2、012Al、6W6Mo5Cr4V
			Cr12MoV、D2、CG - 2、LD、GM、ER5
	剪切刀	剪薄板的厚剪刀	T10A、T12A
		薄剪刀	9SiCr、CrWMn
		剪厚板的剪刀	5CrW2Si

对于冷冲裁模的结构零件的材料选择及对热处理的硬度要求见表 2 - 4。

表 2-4 冷冲裁模的结构零件的材料选择及对热处理的硬度要求

零件名称	材料牌号	热处理	硬度 /HRC
上、下模座	HT210、HT220、ZG30、ZG40、Q235		
模柄	Q235、Q275		
导柱、导套	Q20（大批量）、T10A（单件）	渗碳淬火	60～62
凸凹模固定板	Q235、Q275		
托料板	Q235		
卸料板	Q235、Q275、（CrWMn）	淬火	50～60
导料板	Q275（45）	淬火	43～48
挡料销	45	淬火	43～48
	T7A		52～56
导正销、定位销	T7、T8	淬火	52～56
垫板	45	淬火	43～48
定位板	45	淬火	43～48，52～56
卸料螺钉	45	头部淬火	43～48
销钉	45	淬火	43～48
	T7		52～54
推杆、推板	45	淬火	43～45
压边圈	T8A	淬火	54～58
顶板	45	—	—
侧刃、侧刃挡板、废料、切刀	T8A、T10A、CrWMn	淬火	58～62
楔块、滑块	T8A	淬火	58～62
弹簧	65Mn	淬火	43～45
安全板	Q235	—	—

2. 冷拉深模具材料的选用

冷拉深模具主要用于板材的冷拉深成形，在电器、仪表、汽车及拖拉机等行业中占有重要位置。如果被拉深的板材较薄、强度较低、塑性较好、模具承受载荷较轻时，属于轻载拉深；如果被拉深材料强度较高或板材较厚时，则模具承受载荷增大，属于重载拉深。在冷拉深时，冲击力很小，主要要求模具具有较高的强度和耐磨性，在工作时不发生粘附和划伤，具有一定韧性和较好的切削加工性，并要求热处理时模具变形小。

模具材料的选用与被拉深材料的类别、厚度及变形率有关。如属轻载拉深模具，则可选用 T8A、9Mn2V 和 CrWMn 等碳素工具钢或低合金工具钢；如属重载拉深模具，则可选用强度较高的 Cr12MoV、Cr12 等高合金模具钢或钢结硬质合金等；用于小批量生产的拉深模具可选用较低级的材料，如表面淬火钢及铸铁等；当拉深件生产批量很大时，则要求拉深模具具有很高的磨损寿命，应对模具进行渗氮、渗硼、镀硬铬、渗钒，对中碳合金钢模具进行渗碳等表面处理。

拉深模具材料的选用及工作硬度可参考表 2-5。

表 2-5　拉深模具材料的选用举例及工作硬度

零件名称	工作条件		推荐选用的材料牌号			工作硬度/HRC
	制品类别	被拉深材料	小批量生产（<1 万件）	中批量生产（<10 万件）	大批量生产（100 万件）	
凹模	小型	铝合金或铜合金	T10A、GCr15、CrWMn、9CrWMn	CrWMn、9CrWMn、Cr6WV、Cr5MoV、7CrSiMnMoV	Cr6WV、Cr5MoV、Cr4W2MoV、Cr12MoV	62～64
		深冲用钢				
		奥氏体不锈钢	T10A（镀铬）铝青铜	铝青铜、Cr6WV（渗氮）、CrSiMoV（渗氮）	Cr12MoV（渗氮）、YG 类硬质合金、钢结硬质合金	
	大、中型	铝合金或铜合金	合金铸铁球墨铸铁	合金铸铁镶嵌模块：Cr6WV、Cr5MoV、Cr4W2MoV	镶嵌模块：Cr6WV、Cr5MoV、Cr4W2MoV、Cr12MoV	
		深冲用钢				
		奥氏体不锈钢	合金铸铁镶嵌模块铝青铜	镶嵌模块：Cr6WV（渗氮）、Cr4W2MoV（渗氮）、铝青铜	镶嵌模块：Cr6WV（渗氮）、Cr4W2MoV（渗氮）、Cr12MoV（渗氮）、W18Cr4V（渗氮）	

续表 2-5

零件名称	工作条件		推荐选用的材料牌号			工作硬度/HRC
	制品类别	被拉深材料	小批量生产（<1万件）	中批量生产（<10万件）	大批量生产（100万件）	
冲头（凸模）	小型		T10A、40Cr（渗氮）	T10A、Cr6WV、Cr5MoV	Cr6WV、Cr5MoV、Cr4W2MoV、Cr12MoV	58～62
	大、中型		合金铸铁	CrWMn、9CrWMn	Cr6WV、CrSMoV、Cr4W2MoV、Cr12MoV	
压边圈	小型		T10A、CrWMn、9CrWMn	T10A、CrWMn、9CrWMn	T10A、CrWMn、9CrWMn	54～58
	大、中型		合金铸铁	合金铸铁	CrWMn、9CrWMn	

3. 冷挤压模材料的选用

由于冷挤压凸模在工作时要受到很大的压应力作用，同时还要受拉应力、弯曲应力及摩擦力的作用，而凹模工作时，要受到很大的摩擦力及切向拉应力作用，因此，制作冷挤压模具的材料必须具有高的强韧性及良好的耐磨性。一般要求硬度61～63 HRC，硬度过高，模具容易碎裂、崩块；硬度不够，模具容易磨损，也可能发生压塌及变形。由于挤压时，模具承受极大的挤压力，故模具的抗压强度要高，为防止折断，抗弯强度也要高。此外，冷挤压是在整个模具型腔内进行，金属变形产生的热量很大，模具温度达到300℃左右，这就要求模具材料具有较高的高温强度及硬度。由于模具是在冷热交变条件下工作的，模具材料也应具有较高的冷热疲劳抗力。

冷挤压包括铝件冷挤压、铜件冷挤压、钢件冷挤压。因变形抗力相差极大，故碳素工具钢T10A、低合金工具钢CrWMn、弹簧钢60Si2Mn、高铬钢Cr12、高速钢W18Cr4V、W6Mo5Cr4V2及新型冷作模具钢均可作为冷挤压模材料。但目前工厂最常用的是60Si2Mn、Cr12、Cr12MoV、W18Cr4V及降碳高速钢6W6Mo5Cr4V、基体钢LD、65Nb、012Al、LM1、LM2、低合金高强韧性钢GD、马氏体时效钢、硬质合金等。

冷挤压模材料的选用及工作硬度可参考表2-6。

表 2-6 冷挤压模材料的选用及工作硬度

模具零件名称	工作条件	推荐选用的材料牌号		工作硬度/HRC
		中、小批量生产（<5 万件）	大批量生产（>10 万件）	
冲头（凸模）	冷挤压紫铜、软铝或锌合金	60Si2Mn、CrWMn、Cr6WV、CrSiMoV、Cr4W2MoV、Cr12MoV、W18Cr4V	Cr4W2MoV（渗氮）、Cr12MoV（渗氮）、W6Mo5Cr4V2（渗氮）、基体钢（渗氮）、钢结硬质合金	60～64
	冷挤压硬铝、黄铜或钢件	Cr4W2MoV、Cr12MoV、W18Cr4V、W6Mo5CrV2、6W6Mo5Cr4V、7CrSiMnMoV、7Cr7Mo3V2Si、6CrNiSiMnMoV、基体钢	W6MoSiCr4V2（渗氮）、基体钢（渗氮）、钢结硬质合金、YG15、YG20、YG25	60～64
凹模	冷挤压紫铜、软铝或锌合金	T10A、9SiCr、9Mn2V、CrWMn、GCr15、Cr6WV、CrSiMoV、Cr4W2MoV	Cr4W2MoV、Cr12MoV、W18Cr4V、钢结硬质合金YG15、YG20、YG25	60～64
	冷挤压硬铝、黄铜或钢件	CrW4Mn、Cr6WV、CrSiMoV、Cr4W2MoV、Cr12MoV、6W6MoSiCr4V、7Cr7Mo3V2Si	Cr4W2MoV（渗氮）、Cr12MoV（渗氮）、W18Cr4V或6W6MoSiCr4V（渗氮）、基体钢（渗氮）、钢结硬质合金、YG15、YG20、YG25	58～60
顶出器（顶杆）		CrWMn、Cr6WV、CrSiMoV、7Cr7Mo3V2Si	Cr4W2MoV、Cr12MoV、6W6MoSiCr4V、基体钢	58～62

注：钢结硬质合金应外加模套，模套材料可采用中碳钢或中碳合金钢，如45、50、40Cr 等。

4. 冷镦模材料的选用

冷镦成形是少无切削先进加工工艺之一，具有生产效率高、节能、节材，提高零件机械强度和精度，适合大批量自动化生产等特点，获得广泛应用。在我国，冷镦成形工艺主要用于紧固件、滚动轴承、磙子链条、汽车零件、军工等行业。

零件的冷镦成形是在冷镦机上进行的。冷镦模分为凸模和凹模。工作时，冷镦凸模承受强烈的冲击力、压力、弯曲应力、摩擦力及切向拉应力作用，因此，要求凸模材料应具有高的强韧性、高的抗弯强度及较高的耐磨性；冷镦凹模在工作时要承受冲击性的切向拉应力、强烈的摩擦和压力作用，因此，要求凹模材料必须具备高强度、高硬度、高耐磨性及高的冲击韧度。

（1）一般载荷冷镦模用钢。

一般载荷冷镦模主要用于形状不太复杂、变形量不太大、冷镦速度也不是很高的冷镦件生产，生产的冷镦件为低碳钢或中低碳钢零件。对这类模具，冷镦凸模可采用 T10A、60Si2Mn、9SiCr、GCr15 等制造，凹模可采用 T10A、Cr12MoV、GCr15 等。

（2）重载冷镦模用钢。

重载冷镦模用于生产变形量大、形状较复杂的冷镦件。冷镦件用钢是强度较高的合金钢或中高碳钢。对这类模具通常采用 Cr12 冷作模具钢、高速钢及新开发研制的冷作模具钢，如 012Al、65Nb、LD、RM2、LM1、LM2 和 GM 等。

（3）新型冷镦模用钢。

我国已引进国外钢种或自行开发了 10 余种适合制作冷镦模具的新钢种。这些新钢种的特点是具有较高的淬透性和淬硬性、很高的压缩屈服点，以及较好的耐磨性和韧性，如 6W6Mo5Cr4V1（6W6）、6Cr4W3Mo2VNb（65Nb）、7Cr7Mo2VSi（LD）、5Cr4MoSiMnVAl（012Al）、65W8Cr4VTi（LM1）、65Cr5Mo3WVSiTi（LM2）和 9Cr6W3Mo2V2（GM）等。

冷镦模材料的选用及工作硬度可参考表 2-7。

表 2-7　冷镦模材料的选用及工作硬度

模具零件名称		工作条件	推荐选用的材料牌号		工作硬度/HRC
			中、小批量生产（<20 万件）	大批量生产（>20 万件）	
冷镦凹模	开口模整体模块	轻载荷、小尺寸	T10A、MnSi	T10A、MnSi	表面 59～62，心部 40～50
		轻载荷、较大尺寸	CrWMn、GCr15	CrWMn、GCr1	表面 >62，心部 <55
	闭合模 整体模块	轻载荷、小尺寸	T10A、MnSi	—	表面 59～62，心部 40～50
		轻载荷、较大尺寸	CrWMn、GCr15	—	表面 >62，心部 <55

续表2－7

模具零件名称			工作条件	推荐选用的材料牌号		工作硬度/HRC
				中、小批量生产（<20万件）	大批量生产（>20万件）	
冷镦凹模	闭合模	镶嵌模块模芯	重载荷、形状复杂的大、中型模具	Cr6WV、Cr4W2MoV	YG15、YG20、YG25、YG35、GJW50、DT	58～62
				Cr12WV、Cr5WV		58～62
				W18Cr4V、W6Mo5Cr4V2		>62
				7Cr7Mo3V2Si、基体钢		58～62
		嵌镶模块模套		42CrMn、40CrMnMo、4Cr5W2VSi、4Cr5MoSiV、4Cr5MoSiV1	六角螺母冷镦模 T7A、T10A	48～52
					钢球、滚子冷镦模 GCr15、CrWMn	
冷镦冲头（凸模）			轻载荷、小尺寸	T10A、MnSi	—	58～60
			轻载荷、较大尺寸	CrWMn、GCr15		60～61
			重载荷	Cr6WV、Cr4W2MoV	YG15、YG20、YG25、YG35、GJW50、DT（另附模套）	56～64
				Cr12WV、Cr5WV		56～64
				W18Cr4V、W6Mo5Cr4V2		63～64
				6W6Mo5Cr4V、7CrSiMnMoV		56～64
				7Cr7Mo3V2Si、基体钢		56～64
切载工具			—	T10A、Cr4W2MoV、Cr12MoV、W6Mo5Cr4V2	—	切断刀具：60～62、61～63、64～65 滚刀具：61～63、60～61、62～64
			冲击负荷较大，要求韧性高	6W6Mo5Cr4V2、T7A	—	57～59
			中等冲击负荷，要求韧性和耐磨性都好	9CrWMn、CrWMn		<60
			冲击负荷不大，但要求高耐磨性	W6Mo5Cr4V2		62～63

5. 热处理工艺

在模具材料选定后，必须配以正确的热处理，才能保证模具的使用寿命的性能。热处理工序在安排上注意以下几点。

①为减少热处理变形，对于位置公差和尺寸公差要求严格的模具，常在机加工之后安排高温回火或调质处理。

②由于线切割加工破坏了脆硬层，增加了脆硬层脆性和变形开裂的危险，因此，线切割加工之前的淬火、回火，常采用分级淬火或多次回火和高温回火，使淬火应力处于最低状态，避免模具线切割时变形、开裂。

③为使线切割模具尺寸相对稳定，并使淬硬层组织有所改善，工件经线切割后应及时进行再回火，回火温度不高于淬火后的回火温度。

2.1.4 冷作模具的制造工艺路线

1. 一般成形冷作模具

一般成形冷作模具的制造工艺路线：锻造→球化退火→机械加工成形→淬火与回火→钳修装配。

2. 成形磨削及电加工冷作模具

成形磨削及电加工冷作模具的制造工艺路线：锻造→球化退火→机械粗加工→淬火与回火→精加工成形（凸模成形磨削、凹模电加工）→钳修装配。

3. 复杂冷作模具

复杂冷作模具的制造工艺路线：锻造→球化退火→机械粗加工→高温回火或调质→机械加工成型→钳修装配。

2.1.5 冷作模具的热处理

1. 冷作模具的淬火

淬火是冷作模具的最终热处理中最重要的操作，合理选择淬火加热温度、保温时间、淬火介质及采用合适的淬火加热方法，都会有效地提高模具的使用性能。

2. 冷作模具的强韧化处理工艺

冷作模具的强韧化处理工艺主要包括：低淬低回、高淬高回、微细化处理、等温和分级淬火等。

（1）冷作模具钢的低温淬火工艺。

所谓低温淬火是指低于该钢的传统淬火温度进行的淬火操作。实践证明，适当地降低淬火温度、降低硬度可提高模具韧性。无论是碳素工具钢、合金工具钢还是高速钢，低温淬火都可以不同程度地提高冷作模具韧性和冲击疲劳抗力，降低冷作模具淬断、淬裂的倾向性。

（2）冷作模具钢的高温淬火工艺。

对于一些低淬透性的冷作模具钢，为了提高淬硬层厚度，常采用提高淬火温度的方法。如 T7A、T10A 制 $\phi25 \sim \phi50$ mm 的模具，淬火温度可提高到 830 ～ 860℃；GCr15（或 Cr2）钢淬火温度可由原来的 860℃ 提高到 900 ～ 920℃，模具的使用寿命可延长 1 倍以上。

（3）冷作模具的微细化处理。

微细化处理包括钢中基体组织的细化和碳化物的细化两个方面。基体组织的细化可提高钢的强韧性；碳化物的细化不仅有利于增强钢的强韧性，而且增加钢的耐磨性。微细化处理的方法通常有两种：

①四步热处理法。

第一步采用高温奥氏体化，然后淬火或等温淬火；

第二步是高温软化回火，回火温度以不超过 A_{c1} 为界，从而得到回火托氏体或回火索氏体；

第三步为低温淬火，由于淬火温度低，已细化的碳化物不会溶入奥氏体而得以保存；

第四步为低温回火。

冷作模具钢的预处理一般都采用球化退火，在有些情况下，可以取消模具毛坯的球化退火工序，而用上述工艺中第一步加第二步作为模具的预处理，并可在第一步结合模具的锻造进行锻造余热淬火，以减少能耗，提高工效。

几种冷作模具钢的典型的四步热处理工艺规范：

9Mn2V：820℃ 油冷 +650℃ 回火 +750℃ 油冷 +200℃ 回火。

GCr15：1 050℃ 奥氏体化后 180℃ 分级淬火 +400℃ 回火 +830℃ 加热保温后油冷 +200℃ 回火。

CrWMn：970℃ 奥氏体化后油冷 +560℃ 回火 +820℃ 加热保温后 280℃ 等温 1h +200℃ 回火。

②循环超细化处理法。将冷作模具钢以较快速度加热到 A_{c1} 或 A_{cm} 以上的温度，经短时停留后立即淬火冷却，如此循环多次。由于每加热一次，晶粒都得到一次细化，同时在快速奥氏体化过程中又保留了相当数量的未溶细小碳化物，循环次数一般控制在 2 ～ 4 次，经处理后的模具钢可获得 12 ～ 14 级超细化晶粒，模具使用寿命可延长 1 ～ 4 倍。

冷作模具钢典型的循环超细化处理工艺规范：

9SiCr：600℃ 预热升温至 800℃ 保温后，油冷至 600℃，等温 30min +860℃ 加热保温 +160 ～ 180℃ 分级淬火 +180 ～ 200℃ 回火。

Cr12MoV：1 150℃ 加热油淬 +650℃ 回火 +1 000℃ 加热油淬 +650℃ 回火 +1 030℃ 加热油淬，170℃ 等温 30 min，空冷 +170℃ 回火。

（4）冷作模具钢的分级淬火和等温淬火。

分级淬火和等温淬火不仅可以减少模具的变形和开裂，而且是提高冷作模具强韧性的重要方法。

（5）其他强韧化处理方法。

除了上述方法外，还有变热处理、喷液淬火、快速加热淬火、消除链状碳化物组织的预处理工艺、片状珠光体组织预处理工艺等都可以明显提高冷作模具钢的强韧性。

2.2 热作模具材料

2.2.1 热作模具材料概述

热作模具是用来将加热的金属或液体金属制成所需产品的工装，如热锻模具、热镦模具、热挤压模具、压铸模具和高速成型模具等，它们所采用的各种模具用钢统称为热作模具钢。

热作模具材料按用途不同，可分为热锻模用钢、热挤压模用钢、压铸模用钢、热冲裁模用钢等；按耐热性不同可将热作模具材料分为低耐热性用钢（350～370℃）、中耐热性用钢（550～600℃）、高耐热性用钢（580～650℃）；按合金元素分类可以分为钨系热作模具钢、铬系热作模具钢、铬钼系及铬钨钼系热作模钢等。特殊要求的热作模具有时采用高温合金和难熔合金制造。表2-8列出了常用热作模具钢的分类及钢号。

表2-8 常用热作模具钢分类及钢号

热作模具材料类型	钢 号
低耐热高韧性热作模具钢	5CrNiMo、5CrMnMo、5NiCeMoV、5Cr2NiMoV、5Cr2NiMoVSi、4CrMnMoSiV、5CrMn1MoSiV
中耐热韧性热作模具钢	4Cr5MoSiV、4Cr5MoSiV1、4Cr5W2VSi、4Cr4Cr5MoSiV、5MoWSiV、4Cr3Mo2NiVnbB
高耐热热作模具钢	3Cr2W8V、4Cr3Mo3SiV、5Cr4W5Mo2V、5Cr4WMo2SiV、5Cr4Mo3SiMoVAl、4Cr3Mo3W4VNb、3Cr3Mo3W2V、6CrMo3NiWV
奥氏体型热作模具钢	5Mn15Cr8Ni5Mo3V2、7Mn10Cr8Ni10Mo3V2、Cr14Ni25Co2V、4Cr14Ni14W2Mo、7Mo15Cr2Al3V2WMn
高温耐蚀热作模具钢	2Cr9W6、2Cr12WMoVNbB、1Cr17Ni2B、2Cr10MoVNi

低耐热高韧性热作模具钢基本上是用于锤锻模、大型压力机锻模等。中耐热韧性热作模具钢与5CrNiMo钢相比，在断面小于150mm时具有大致相等的韧性，而在工作温度下却具有更高的硬度、热强性和耐磨性，因此，从铝合金压铸模到精密锻造模具、热锻压冲头、热挤压模具、热剪切模具、热轧模具都采用。高耐

热热作模具钢具有较高的回火抗力及热稳定性，主要应用于较高温度下工作的热顶锻模具、热挤压模具、铜及黑色金属压铸模具、压力机模具等。

2.2.2 热作模具材料的选用

热作模具的种类繁多，它们的服役条件也有很大差别，因此选用模具材料应根据模具的具体工作条件、失效形式以及对模具的抗力要求和模具材料本身具有的特性来选择。

1. 热锻模具材料的选用

热锻模具在高温、高压、高冲击载荷下工作，并且经常受到反复的加热和冷却。因此，模具材料必须具有较高的高温屈服强度、高的冲击韧度和断裂韧度，而且锻模的尺寸一般都比较大，还要求锻模材料具有很好的淬透性、高的热疲劳抗力和回火稳定性。

压力机模锻的特点是成型速度慢、单件滞模时间长（3～6s），因此，模腔表面温度升高，瞬时温度可达700℃，冷却及润滑条件较好时，温度可能低一些，但也会达500℃左右，这也超过了5CrNiMo或5CrMnMo模块的回火温度，从而导致模具过早磨损、压塌等。因此，应选用耐热性较高的高强韧性模具钢制作压力机锻模。表2-9列出了锤锻模用钢的主要牌号，可供选材时参考。

表2-9 锤锻模用钢的选择

锻模类型	模具钢的选用
小型（吨位小于1t，高度小于250mm）	5CrMnMo、5CrNiTi、5SiMnMoV、4SiMnMoV、6SiMnMoV
中型（吨位1～3t，高度250～350mm）	5CrMnMo、5CrNiTi、5SiMnMoV、4SiMnMoV、6SiMnMoV
大型（吨位4～6t，高度350～500mm）	5CrNiMo、5CrNiW、5CrNiTi、5SiMnMoV
特大型（吨位大于6t，高度500mm以上）	5CrNiMo、5CrNiW、5CrNiTi、5SiMnMoV
堆焊锤锻模	5Cr2MoMn
压力机锻模（大尺寸）	5CrNiMo、5Cr2NiMoVSi、4Cr5MoSiV1、4Cr5MoSiV、4Cr3W2VSi、3Cr3Mo3W2V、5Cr4W5Mo2V

燕尾是锻模固定在锤头的部位，直接与锤头接触，其硬度不应高于锤头。燕尾根部存在较大的应力集中，因而硬度也不宜太高。

因此，燕尾硬度应低于模具型腔硬度，对燕尾要进行专门的回火。燕尾回火方法有以下两种。

（1）专用燕尾回火炉中回火。

该方法是工厂生产中比较常用的燕尾回火方法，如图 2-1 所示。它是将燕尾向下置于电炉、煤炉或盐熔炉的炉槽内加热回火。具体回火温度根据钢种及模具燕尾硬度要求而定。

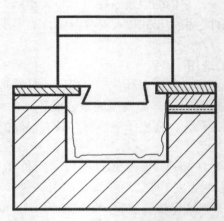

图 2-1　锻模燕尾回火专用炉示意图

（2）燕尾自回火法。

这是较广泛采用的一种方法。即将整个锻模在油中冷却到一定温度后，将燕尾提出油面停留一段时间，此时模具心部温度仍较高，燕尾已淬火的部分被心部热量加热而回火。实际操作时要反复多次入油，以防燕尾温度升高到足以引起淬火油燃烧，因此，须注意安全。此外，此法只适用于燕尾朝上的淬火方法，对模具侧立或燕尾朝下的入油方法，无法实现燕尾自回火。

2．热挤压模具材料的选用

热挤压模具所受的冲击载荷比热锻模小，对冲击韧度与淬透性的要求不及热锻模高，但它们工作时，与炽热金属接触的时间比热锻模长，工作温度最高可达 $800 \sim 850℃$，因反复加热冷却而引起的热疲劳损坏现象也更为严重。因此，要求挤压模具材料具有较高的耐热疲劳性和热稳定性，以及较高的热强性。表 2-10 为几种热挤压凹模的硬度要求，表 2-11 为推荐使用的热挤压模具用材料。

表 2-10　几种热挤压凹模的硬度要求

挤压材料	钢、钛或镍合金	铜或铜合金	铝、镁合金
挤压材料的加热温度/℃	>1 000	650 ~ 1 000	350 ~ 500
模具硬度/HRC	43 ~ 47	36 ~ 45	46 ~ 50

表 2 – 11　热挤压模具用材料

模具工作零件	挤压材料	推荐模具材料
凹模	轻金属及其合金	4Cr5MoSiV1、3Cr2W8V、4Cr3Mo3W2V
	铜及其合金	3Cr2V8W、4Cr3Mo3W2V、5M15Cr8Ni5Mo3V2 5Cr4Mo2W2SiV、4Cr14Ni14W2Mo
冲头	轻金属及其合金，铜及其合金	5CrNiMo、4CrMnSiMoV、4Cr5MoSiVi、3Cr2W8V
冲头头部	轻金属及其合金，铜及其合金	4Cr5MoSiV1、3Cr2W8V、Cr14Ni25Co2V
管材挤压芯棒	轻金属及其合金，铜及其合金	3Cr2W8V、4Cr3Mo3W2V
管材穿孔芯棒	轻金属及其合金，铜及其合金	4Cr5MoSiV1、3Cr2W8V、4Cr3Mo3W2V

与 3Cr2W8V 钢相比，新型模具材料 RM2 钢、GR 钢、HM1 钢、012Al 钢、CG – 2 钢等既有较高的硬度、强度，又有较高的韧性，用新型热作模具钢代替 3Cr2W8V 制作轴承套圈挤压模具，其寿命大为提高。

3. 热切边模具与热镦模具材料的选用

热切边模具是将锻制成型的毛坯切去飞边而成的模具。热切边模工作时，凸模压住锻件，由凹模切去锻件飞边。凹模有整体式及组合式两种。整体式凹模适用于中、小型或简单的切边模；组合式凹模由两块或多块镶块组成，制造工艺简单，热处理变形小，不易淬火开裂。凹模采用组合式结构，便于调整、更换及修复使用，特别适用于大型及形状复杂的切边模。

要求热切边模具材料具有高的耐磨性、高硬度及热硬性，以及一定的强韧性和良好的工艺性能。热切边模具用钢通常含碳量较高。常用的热切边模具用钢见表 2 – 12，其中 8Cr3 钢应用最广。

热镦模用钢也应具有较好的耐磨性及较高的屈服点，以防止过早热磨损及堆塌变形。热作模具钢 HM1、012Al、GR、HM3 以及 3Cr2W8V 钢等，都可用于制作热镦模具。

表 2 – 12　热切边模具用钢

模具名称	推荐材料	模具硬度/HRC
热切边凹模	8Cr3、7Cr3、4CrW2Si、5CrSiMo、5CrMnMo	43 ～ 45
热切边凸模	8Cr3、7Cr3	35 ～ 40

2.3　塑料模具材料

随着塑料工业的发展，塑料制品的种类日益增多，用途不断扩大，塑料制品向精密化、大型化、复杂化发展，成型生产向高速化发展。因此，塑料模具结构日趋复杂，制造难度加大，对塑料模具材料和选用要求也越来越高。目前，塑料模具材料仍以钢材为主，但根据塑料的成型工艺条件不同，也可采用低熔点合金、低压铸铝合金、铍铜、锌合金、钢结硬质合金等其他模具材料。

一般地说，应根据模具生产和使用条件的要求，结合模具材料的性能和其他因素，来选择适合要求的模具材料。在塑料制品成型模具中，塑料的种类、生产的批量，塑件的复杂程度、尺寸精度和表面粗糙度等质量要求是决定塑料模具用材料的主要因素。

2.3.1　塑料模具成型零件材料的选用

由于成型塑料的种类不同和对塑料制品的尺寸、形状、精度、表面粗糙度等的不同要求，对塑料模具用材料分别提出了耐磨损、耐腐蚀、耐热、耐压、无磁性、微变形和镜面磨削等不同的要求。塑料模具成型零件用材料大致可分以下几种类型。

（1）成型通用型塑料的模具材料。

用于生产聚乙烯、聚丙烯等通用型塑料制品的模具。

①当生产批量较小、尺寸精度和表面粗糙度无特殊要求，而且模具截面不大时，可以采用碳素钢 45 钢或低碳钢 10、20 钢制造。

②当生产批量较大、模具尺寸较大或形状复杂、精度要求高的工件时，则采用淬透性较高的合金模具钢。

③当成型对精度和表面粗糙度要求很高的塑料制品时，往往采用经过电渣重熔或真空自耗电极重熔的合金模具钢。

（2）成型增强塑料的模具材料。

对于生产添加玻璃纤维等无机增强剂的热塑性塑料注射成型模具和热固性塑料挤压成型模具，为了提高模具型腔表面的耐磨性，这类塑料模具通常采用冷作模具钢制造。

（3）成型腐蚀性塑料的模具材料。

对生产聚氯乙烯、氟化塑料或添加阻燃剂的阻燃塑料成型模具，由于在成型过程中模具接触腐蚀性介质，应选用耐蚀性好的塑料模具钢。

（4）成型磁性塑料的模具材料。

成型磁性塑料的模具，一般多选用无磁模具材料制造，如不锈钢模具经渗氮处理后使用；或采用 Mn13 型耐磨奥氏体钢或无磁模具钢，如70Mn15Cr4Al3V2WMo 钢等。

（5）成型透明塑料制品的模具。

对于成型透明塑料制品的模具，一般选用时效硬化钢制造，如 06Ni、18Ni、PMS、PCR、SM2 等，也可选用预硬钢 SM1、Y82、空冷 12 钢等。塑料模具各种成型零件材料的选用见表 2－13。

表 2 - 13　塑料模具钢的选用

工作条件	推荐钢号
生产塑料产品批量较小、精度要求不高、尺寸不大的模具	45、55 钢或用 10、20 钢进行渗碳
在使用过程中有交替的动载荷，塑料产品生产批量较大，受磨损较严重的塑料模具	12CrNi3A、20Cr、20CrMnMo、20Cr2Ni4 进行渗碳
大型、复杂、生产塑料产品批量较大的塑料注射成型模具或挤压成型模具	3Cr2Mo、4Cr3Mo3SiV、5CrNiMo、5CrMnMo、4Cr5MoSiV、4Cr5MoSiV1
热固性成型塑料模具及要求高耐磨高强度塑料模具	9Mn2V、7CrMn2WMo、CrWMn、MnCrWV、Cr2Mn2SiWMoV、Cr5WV、Cr12MoV、Cr12
耐腐蚀和高精度的塑料模具	4Cr13、9Cr18、Cr18MoV、Cr14Mo、Cr14Mo4V
复杂、精密、高耐磨塑料模具	25CrNi3MoAl、18Ni - 250、18Ni - 300、18Ni - 350

2.3.2　塑料模具结构零件材料的选用

生产对塑料模具结构零件的强度、硬度、耐磨性、耐腐蚀性等的要求都比成型零件低，所以，一般选用通用材料就能满足使用性能的要求。我国在发展塑料模具辅助零件专用材料方面已有所突破，最近由华中科技大学研制出塑料模具标准顶杆专用钢——TG2，其化学成分为 $w_C = 0.56\%$、$w_{Cr} = 1.4\%$、$w_{Mo} = 0.25\%$，以及适量 V、Mn、Si。热处理为整体淬火加中温回火，并可进行表面淬火或渗氮。

塑料模具结构零件的常用材料见表 2 - 14。

表 2 - 14　塑料模具结构零件的常用材料

零件类型	零件名称	材料牌号	热处理方法	硬度/HRC
模体零件	支承板 浇口板 锥模套	45	淬火、回火	43～48
	动、定模板 动、定模座板	45	调质	230～270
	固定板	45	调质	230～270
		Q235		
	推件板	T10A、T8A	淬火、回火	54～58
		45	调质	230～270

零件类型	零件名称	材料牌号	热处理方法	硬度/HRC
浇注系统零件	主流道衬套 拉料杆 拉料套 分流锥	T10A、T8A	淬火、回火	54～55
导向零件	导柱	20	渗碳、淬火	56～60
	导套	T10A、T8A	淬火、回火	54～55
	限位导柱 推板导柱 推板导套 导正钉	T10A、T8A	淬火、回火	54～58
抽芯机构零件	斜导柱 滑块 斜滑块	T10A、T8A	淬火、回火	54～58
	楔形块	T10A、T8A	淬火、回火	54～58
		45	淬火、回火	43～48
推出机构零件	推杆、推管	T10A、T8A	淬火、回火	54～58
	推块、复位杆	45	淬火、回火	43～48
	挡块	45	淬火、回火	43～48
	推杆固定板	45、Q235		
定位零件	圆锥定位件	T10A	淬火、回火	58～62
	定位圈	45		

2.4　压铸模具材料

2.4.1　概述

金属压铸是机械化程度和生产效率很高的生产方法，是先进的少无切削工艺。压铸生产可以将熔化的金属直接压铸成各种结构复杂、尺寸精确、表面光洁、组织致密以及镶衬组合等零件。近年来，压铸成型已广泛应用于汽车、拖拉机、仪器仪表、航空航海、电机制造、日用五金等行业。

压铸模具分为锌合金压铸模具、铝合金压铸模具、铜合金压铸模具、黑色金属压铸模具。各类模具分别用于压铸锌合金（或镁合金）、铝合金、铜合金或黑色金属（钢铁）铸件。压铸件中以铝合金铸件需求量最大，锌合金及铜合金次之。

锌合金的熔点为 400～430℃，铝合金的熔点为 580～740℃，镁合金的熔点为 630～680℃，铜合金的熔点为 900～1000℃，钢的熔点为 1450～1540℃。

压铸模具是在高压（30～150MPa）下将 400～1600℃ 的熔融金属压铸成型。成型过程中，模具周期性地经加热和冷却，且受到高速喷入的灼热金属冲刷和腐蚀。因此，模具用钢要求有较高的热疲劳抗力、导热性及良好的耐磨性、耐蚀性、高温力学性能。

压铸模具的选材，主要依据浇铸金属的温度以及浇铸金属的种类而定。温度越高，压铸模的破坏及磨损也越严重。

2.4.2 压铸模具材料的选用

近年来，压铸成型已广泛用于汽车、拖拉机、仪器仪表、航空航海、电机制造、日用五金等行业。但是，如何选用合适的模具材料，提高压铸模具的使用寿命，特别是高熔点金属（例如铜和黑色金属）的压铸模具寿命，是压铸工艺发展的关键。

压铸模具的选材见表 2-15。

表 2-15 几种常用压铸模具的材料选用

压铸材料	熔点/℃	型腔温度/℃	选用材料
锌合金压铸模	400～430	400	40Cr、30CrMnSi、40CrMo、5CrNiMo、5CrMnMo、4Cr5MoSiV、4Cr5MoSiV1、3Cr2W8V、CrWMn
铝合金压铸模	650～700	600	4Cr5MoSiV1（H13）、3Cr2W8V、4Cr5Mo2MnVSi（Y10）、3Cr3Mo3VNb（HM3）、马氏体时效钢
铜合金压铸模	870～940	800	3Cr2W8V、Y4（4Cr3Mo2MnVNbB）、3Cr3Mo3V
钢铁材料压铸模	1450～1540	1000	3Cr2W8V、钼基合金及钨基合金（TZM、Anviloy1150）

（1）锌合金压铸模。

锌合金的熔点为 400～430℃，锌合金压铸模型腔的表层温度不会超过 400℃。由于工作温度较低，故除常用模具钢外，也可采用合金结构钢制造模具，甚至可采用低碳钢经中温碳氮共渗、淬火、低温回火，使用效果也很好。常用于制造锌合金压铸模的材料有 40Cr、30CrMnSi、40CrMo、5CrNiMo、5CrMnMo、4Cr5MoSiV、4Cr5MoSiV1、3Cr2W8V、CrWMn 钢等。

（2）铝合金压铸模。

铝合金压铸模的服役条件较为苛刻，铝合金溶液的温度通常在 $650 \sim 700℃$，以 $40 \sim 180$ m/s 的速度压入模腔，压力为 $20 \sim 120MPa$，保压时间为 $5 \sim 20s$，每次压射间隔时间为 $20 \sim 75s$。

模腔表面受到高温高速铝液的反复冲刷，产生较大应力。要求铝合金压铸模用钢必须具备高的回火抗力和冷热疲劳抗力，足够的强度、塑性及耐热性能，良好的导热性，低的热膨胀系数等。在工艺性能中，特别要求改善热处理变形性及具有良好的渗氯（或氯碳共渗）工艺性能。

目前，我国常用的铝合金压铸模具钢有 4Cr5MoSiV1（H13）、3Cr2W8V 及新钢种 4Cr5Mo2MnVSi（Y10）和 3Cr3Mo3VNb（HM3）等。

马氏体时效钢模具使用寿命极高，如压铸小型箱盖，H13 钢模具寿命为 5 000 $\sim 25 000$ 件，改用马氏体时效钢后，模具寿命提高到 150 000 件，平均寿命提高 10 倍左右。

（3）铜合金压铸模。

铜合金压铸模的工作条件极为苛刻。铜液温度通常高达 $870 \sim 940℃$，以 0.3 ~ 4.5 m/s 的速度压入模腔，压力为 $20 \sim 120MPa$，保压时间 $4 \sim 6s$，每次压射的间隔时间为 $15 \sim 35s$。

由于铜液温度较高，且导热性极好，工件传递给模具的热量大且快，常使模腔在极短时间即可升到较高温度，然后又很快降温，产生很大的热应力。这种热应力的反复作用，促使模腔表面产生冷热疲劳裂纹，并会造成模腔早期开裂。因此，铜合金压铸模的寿命远比铝合金及锌合金压铸模寿命低。要求铜合金压铸模具材料具有高的热强性、导热性、韧性、塑性，以及高的抗氧化性、耐金属侵蚀性及良好的加工工艺性能。

国外已采用加钴的钨系高热强模具钢、钨基合金、钼基合金、马氏体时效钢以及加钴的铬钼钒钢等材料制造铜合金压铸模，其使用效果比 3Cr2W8V 钢好。

国内仍大量采用 3Cr2W8V 钢制造铜合金压铸模具，也有的用铬铜系热作模具钢。近年来，我国研制成功新型热作模具钢 Y4（4Cr3Mo2MnVNbB），其抗热疲劳性能明显优于 3Cr2W8V 钢；3Cr3Mo3VNb 钢模具的使用寿命也比 3Cr2W8V 钢模具高。

（4）钢铁材料压铸模。

钢的熔点为 1 450 ~ 1 540℃，钢铁材料压铸模的工作温度高达 1 000℃，型腔表面受到严重氧化、腐蚀及冲刷，模具寿命很低。模具一般只压铸几十件或几百件即产生严重的塑性变形和网状裂纹而失效。

最常用的模具材料仍为 3Cr2W8V 钢，但因该钢的热疲劳抗力差，使用寿命很低，目前国内外均趋向使用高熔点的钼基合金及钨基合金制造黑色金属压铸模，其中 TZM 及 Anviloy1150 两种合金受到普遍重视。采用导热性好的合金，如铜合金制造黑色金属压铸模，也收到满意的效果。

任务三　模具零件加工切削表面质量控制

 请你思考：

你怎样看模具的加工表面质量？

表面质量对零件的使用性能有什么影响？

控制表面质量的工艺途径有哪些？

 一起来学：

➡ 机械加工表面质量的含义及其对零件使用性能的影响。

➡ 影响表面质量的工艺因素及降低表面粗糙度的工艺措施。

➡ 控制表面质量的工艺途径。

➡ 降低表面粗糙度的加工方法。

3.1　概　　述

零件的表面质量是机械加工质量的重要组成部分，表面质量是指机械加工后零件表面层的微观几何结构及表层金属材料性质发生变化的情况。经机械加工后的零件表面并非理想的光滑表面，它存在着不同程度的粗糙波纹、冷硬、裂纹等表面缺陷。虽然只有极薄的一层（0.05 ～ 0.15mm），但对机器零件的使用性能有着极大的影响；零件的磨损、腐蚀和疲劳破坏都是从零件表面开始的，特别是现代化工业生产使机器正朝着精密化、高速化、多功能方向发展，工作在高温、高压、高速、高应力条件下的机械零件，表面层的任何缺陷都会加速零件的失效。因此，必须重视机械加工表面质量。

3.2　机械加工表面质量的含义

机器零件的加工质量不仅指加工精度，还包括加工表面质量，它是零件加工后表面层状态完整性的表征。表面质量又称为表面结构。机械加工后的表面，总存在一定的微观几何形状的偏差，表面层的物理力学性能也发生变化。因此，机械加工表面质量包括加工表面的几何特征和表面层物理力学性能两个方面的内容。

3.2.1 表面层的几何形状特征

加工表面的微观几何特征主要包括表面粗糙度和表面波度两部分，如图 3 − 1 所示。表面粗糙度是波距 L 小于 1mm 的表面微小波纹；表面波度是指波距 L 在 1 ~ 20mm 之间的表面波纹。通常情况下，当 L/H（波距/波高） < 50 时为表面粗糙度，L/H = 50 ~ 1 000 时为表面波度。

1. 表面粗糙度

表面粗糙度主要是由刀具的形状以及切削过程中塑性变形和振动等因素引起的，它是指已加工表面的微观几何形状误差。

2. 表面波度

表面波度主要是由加工过程中工艺系统的低频振动引起的周期性形状误差（图 3 − 1 中 L_2/H_2），介于形状误差（L_1/H_1 > 1 000）与表面粗糙度（L_3/H_3 < 50）之间。

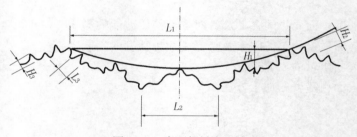

图 3 − 1　表面粗糙度和波度

3.2.2 表面层的物理力学性能

表面层的物理力学性能包括表面层的加工硬化、残余应力和表面层的金相组织变化。机械零件在加工中由于受切削力和热的综合作用，表面层金属的物理力学性能相对于基本金属的物理力学性能发生了变化。图 3 − 2 所示为零件表面层沿深度方向的变化。最外层生成有氧化膜或其他化合物，并吸收、渗进气体粒子，称为吸附层。吸附层下是压缩层，它是由于切削力的作用造成的塑性变形区，其上部是由于刀具的挤压摩擦而产生的纤维层。切削热的作用也会使工件表面层材料产生相变及晶粒大小变化。

1. 表面层的加工硬化

表面层的加工硬化一般用硬化层的深度和硬化程度 N 来评定：

$$N = \left[\left(H - H_0 \right) / H_0 \right] \times 100\% \qquad (3-1)$$

式中　H——加工后表面层的显微硬度；

　　　H_0——原材料的显微硬度。

2. 表面层金相组织的变化

在加工过程（特别是磨削）中的高温作用下，工件表层温度升高，当温度超过材料的相变临界点时，就会产生金相组织的变化，大大降低零件使用性能，这种变化包括晶粒大小、形状、析出物和再结晶等。金相组织的变化主要通过显微组织观察来确定。

3. 表面层残余应力

在加工过程中，由于塑性变形、金相组织的变化和温度造成的体积变化的影响，表面层会产生残余应力。目前对残余应力的判断大多是定性的，它对零件使用性能的影响取决于它的方向、大小和分布状况。

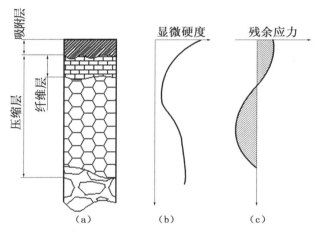

图 3 - 2 加工表面层的物理力学性能变化

3.3 表面质量对零件使用性能的影响

3.3.1 表面质量对零件耐磨性的影响

零件的耐磨性是零件的一项重要性能指标，当摩擦副的材料、润滑条件和加工精度确定之后，零件的表面质量对耐磨性起着关键性的作用。由于零件表面存在着表面粗糙度，当两个零件的表面开始接触时，接触部分集中在其波峰的顶部，因此实际接触面积远远小于名义接触面积，并且表面粗糙度越大，实际接触面积越小。在外力作用下，波峰接触部分将产生很大的压应力。当两个零件做相对运动时，开始阶段由于接触面积小、压应力大，在接触处的波峰会产生较大的弹性变形、塑性变形及剪切变形，波峰很快被磨平，即使有润滑油存在，也会因为接触点处压应力过大、油膜被破坏而形成干摩擦，导致零件接触表面的磨损加剧。当然，并非表面粗糙度越小越好，如果表面粗糙度过小，接触表面间储存润滑油的能力变差，接触表面容易发生分子胶合、咬焊，同样也会造成磨损加剧。

表面层的冷作硬化可使表面层的硬度提高，增强表面层的接触刚度，从而降低接触处的弹性、塑性变形，使耐磨性有所提高。但如果硬化程度过大，表面层金属组织会变脆，出现微观裂纹，甚至会使金属表面组织剥落而加剧零件的磨损。

3.3.2　表面质量对零件疲劳强度的影响

表面粗糙度对承受交变载荷的零件的疲劳强度影响很大。在交变载荷作用下，表面粗糙度波谷处容易引起应力集中，产生疲劳裂纹。并且表面粗糙度越大，表面划痕越深，其抗疲劳破坏能力越差。

表面层残余压应力对零件的疲劳强度影响也很大。当表面层存在残余压应力时，能延缓疲劳裂纹的产生、扩展，提高零件的疲劳强度；当表面层存在残余拉应力时，零件则容易引起晶间破坏，产生表面裂纹而降低其疲劳强度。

表面层的加工硬化对零件的疲劳强度也有影响。适度的加工硬化能阻止已有裂纹的扩展和新裂纹的产生，提高零件的疲劳强度；但加工硬化过于严重会使零件表面组织变脆，容易出现裂纹，从而使疲劳强度降低。

3.3.3　表面质量对零件耐腐蚀性能的影响

表面粗糙度对零件耐腐蚀性能的影响很大。零件表面粗糙度越大，在波谷处越容易积聚腐蚀性介质而使零件发生化学腐蚀和电化学腐蚀。

表面层残余压应力对零件的耐腐蚀性能也有影响。残余压应力使表面组织致密，腐蚀性介质不易侵入，有助于提高表面的耐腐蚀能力；残余拉应力的对零件耐腐蚀性能的影响则相反。

3.3.4　表面质量对零件间配合性质的影响

相配零件间的配合性质是由过盈量或间隙量来决定的。在间隙配合中，如果零件配合表面的粗糙度大，则由于磨损迅速使得配合间隙增大，从而降低了配合质量，影响了配合的稳定性；在过盈配合中，如果表面粗糙度大，则装配时表面波峰被挤平，使得实际有效过盈量减少，降低了配合件的连接强度，影响了配合的可靠性。因此，对有配合要求的表面应规定较小的表面粗糙度值。

在过盈配合中，如果表面硬化严重，将可能造成表面层金属与内部金属脱落的现象，从而破坏配合性质和配合精度。表面层残余应力会引起零件变形，使零件的形状、尺寸发生改变，因此它也将影响配合性质和配合精度。

3.3.5　表面质量对零件其他性能的影响

表面质量对零件的使用性能还有一些其他影响。如对间隙密封的液压缸、滑阀来说，减少表面粗糙度 R_a 可以减少泄漏、提高密封性能；较小的表面粗糙度可使零件具有较高的接触刚度；对于滑动零件，减少表面粗糙度 R_a 能使摩擦系数降低、运动灵活性增高，减少发热和功率损失；表面层的残余应力会使零件在使用过程中继续变形，失去原有的精度，机器工作性能恶化等。

总之，提高加工表面质量，对于保证零件的性能、提高零件的使用寿命是十分重要的。

3.4　影响表面质量的工艺因素及降低表面粗糙度的工艺措施

3.4.1　影响切削加工表面粗糙度的因素

在切削加工中，影响已加工表面粗糙度的因素主要包括几何因素、物理因素和加工中工艺系统的振动。下面以车削为例来说明。

1. 几何因素

切削加工时表面粗糙度的值主要取决于切削面积的残留高度。下面两式为车削时残留面积高度的计算公式：

当刀尖圆弧半径 $r_\varepsilon = 0$ 时，残留面积高度 H 为

$$H = \frac{f}{\cot k_r + \cot k_r{}'} \tag{3-2}$$

当刀尖圆弧半径 $r_\varepsilon > 0$ 时，残留面积高度 H 为

$$H = \frac{f}{8r_\varepsilon} \tag{3-3}$$

从上面两式可知，进给量 f、主偏角 k_r、副偏角 $k_r{}'$ 和刀尖圆弧半径 r_ε 对切削加工表面粗糙度的影响较大。减少进给量 f、减少主偏角 k_r 和副偏角 $k_r{}'$、增大刀尖圆弧半径 r_ε，都能减少残留面积的高度 H，也就能减少零件的表面粗糙度。

2. 物理因素

在切削加工过程中，刀具对工件的挤压和摩擦使金属材料发生塑性变形，引起原有的残留面积扭曲或沟纹加深，增大表面粗糙度。当采用中等或中等偏低的切削速度切削塑性材料时，在前刀面上容易形成硬度很高的积屑瘤，它可以代替刀具进行切削，但状态极不稳定，积屑瘤生成、长大和脱落将严重影响加工表面的粗糙度。另外，在切削过程中由于切屑和前刀面的强烈摩擦作用以及撕裂现象，还可能在加工表面上产生鳞刺，使加工表面的粗糙度增加。

3. 动态因素——振动的影响

在加工过程中，工艺系统有时会发生振动，即在刀具与工件间出现的除切削运动之外的另一种周期性的相对运动。振动的出现会使加工表面出现波纹，增大加工表面的粗糙度，强烈的振动还会使切削无法继续下去。

除上述因素外，造成已加工表面粗糙不平的原因还有被切屑拉毛和划伤等。

3.4.2 减少表面粗糙度的工艺措施

（1）在精加工时，应选择较小的进给量 f、较小的主偏角 k_r 和副偏角 k_r'、较大的刀尖圆弧半径 r_ε，以得到较小的表面粗糙度。

（2）加工塑性材料时，采用较高的切削速度可防止积屑瘤的产生，减少表面粗糙度。

（3）根据工件材料、加工要求，合理选择刀具材料，有利于减少表面粗糙度。

（4）适当地增大刀具前角和刃倾角，提高刀具的刃磨质量，降低刀具前、后刀面的表面粗糙度均能降低工件加工表面的粗糙度。

（5）对工件材料进行适当的热处理，以细化晶粒，使晶粒组织变均匀，可减少表面粗糙度。

（6）选择合适的切削液，减少切削过程中的界面摩擦，降低切削区温度，减少切削变形，抑制鳞刺和积屑瘤的产生，可以大大减少表面粗糙度。

3.5 影响表面物理力学性能的工艺因素

3.5.1 表面层残余应力

外载荷去除后，仍残存在工件表层与基体材料交界处的相互平衡的应力称为残余应力。产生表面残余应力的原因主要有：

1. 冷态塑性变形引起的残余应力

切削加工时，加工表面在切削力的作用下产生强烈的塑性变形，表层金属的比容增大，体积膨胀，但受到与它相连的里层金属的阻止，从而在表层产生了残余压应力，在里层产生了残余拉应力。当刀具在被加工表面上切除金属时，由于受后刀面的挤压和摩擦作用，表层金属纤维被严重拉长，仍会受到里层金属的阻止，而在表层产生残余压应力，在里层产生残余拉应力。

2. 热态塑性变形引起的残余应力

切削加工时，大量的切削热会使加工表面产生热膨胀，由于基体金属的温度较低，会对表层金属的膨胀产生阻碍作用，因此表层产生热态压应力。当加工结束后，表层温度下降要进行冷却收缩，但受到基体金属阻止，从而在表层产生残余拉应力，里层产生残余压应力。

3. 金相组织变化引起的残余应力

如果在加工中，工件表层温度超过金相组织的转变温度，则工件表层将产生组织转变，表层金属的比容将随之发生变化，而表层金属的这种比容变化必然会受到与之相连的基体金属的阻碍，从而在表层、里层产生互相平衡的残余应力。

例如在磨削淬火钢时，由于磨削热导致表层可能产生回火，表层金属组织将由马氏体转变成接近珠光体的屈氏体或索氏体，密度增大，比容减少，表层金属要产生相变收缩但会受到基体金属的阻止，而在表层金属产生残余拉应力，里层金属产生残余压应力。如果磨削时表层金属的温度超过相变温度，且充分冷却，表层金属将成为淬火马氏体，密度减少，比容增大，则表层将产生残余压应力，里层产生残余拉应力。

3.5.2　表面层加工硬化

1.　加工硬化的产生及衡量指标

机械加工过程中，工件表层金属在切削力的作用下产生强烈的塑性变形，金属的晶格扭曲，晶粒被拉长、纤维化甚至破碎而引起表层金属的强度和硬度增加，塑性降低，这种现象称为加工硬化（或冷作硬化）。另外，加工过程中产生的切削热会使得工件表层金属温度升高，当升高到一定程度时，会使得已强化的金属回复到正常状态，失去其在加工硬化中得到的物理力学性能，这种现象称为软化。因此，金属的加工硬化实际取决于硬化速度和软化速度的比率。

评定加工硬化的指标有下列三项：

①表面层的显微硬度 HV；

②硬化层深度 h（μm）；

③硬化程度 N。

$$N = \frac{HV - HV_0}{HV_0} \qquad\qquad (3-4)$$

式中　HV——金属原来的显微硬度。

2.　影响加工硬化的因素

（1）切削用量的影响。切削用量中进给量和切削速度对加工硬化的影响较大。增大进给量，切削力随之增大，表层金属的塑性变形程度增大，加工硬化程度增大；增大切削速度，刀具对工件的作用时间减少，塑性变形的扩展深度减少，故而硬化层深度减少。另外，增大切削速度会使切削区温度升高，有利于减少加工硬化。

（2）刀具几何形状的影响。刀刃钝圆半径对加工硬化的影响最大。实验证明，已加工表面的显微硬度随着刀刃钝圆半径的加大而增大，这是因为径向切削分力会随着刀刃钝圆半径的增大而增大，使得表层金属的塑性变形程度加剧，导致加工硬化增大。此外，刀具磨损会使得后刀面与工件间的摩擦加剧，表层的塑性变形增加，导致表面冷作硬化加大。

（3）加工材料性能的影响。工件的硬度越低，塑性越好，加工时塑性变形越大，冷作硬化越严重。

3.6　控制表面质量的工艺途径

随着科学技术的发展，人们对零件表面质量的要求越来越高。为了获得合格零件，保证机器的使用性能，人们一直在研究控制和提高零件表面质量的途径。提高表面质量的工艺途径大致可以分为两类：一类是用低效率、高成本的加工方法，寻求各工艺参数的优化组合，以减少表面粗糙度；另一类是着重改善工件表面的物理力学性能，以提高其表面质量。

3.7　降低表面粗糙度的加工方法

3.7.1　超精密切削和低粗糙度磨削加工

1.　超精密切削加工

超精密切削是指表面粗糙度 R_a 为 $0.04\,\mu m$ 以下的切削加工方法。超精密切削加工最关键的问题在于要在最后一道工序切削 $0.1\,\mu m$ 的微薄表面层，这就既要求刀具极其锋利，刀具钝圆半径为纳米级尺寸，又要求这样的刀具有足够的耐用度，以维持其锋利。目前只有金刚石刀具才能达到要求。超精密切削时，走刀量要小，切削速度要非常高，才能保证工件表面上的残留面积小，从而获得极小的表面粗糙度。

2.　小粗糙度磨削加工

为了简化工艺过程，缩短工序周期，有时用小粗糙度磨削替代光整加工。小粗糙度磨削除要求设备精度高外，磨削用量的选择最为重要。在选择磨削用量时，参数之间往往会相互矛盾和排斥。例如，为了减少表面粗糙度，砂轮应修整得细一些，但如此却可能引起磨削烧伤；为了避免烧伤，应将工件转速加快，但这样又会增大表面粗糙度，而且容易引起振动；采用小磨削用量有利于提高工件表面质量，但会降低生产效率而增加生产成本；而且工件材料不同，其磨削性能也不一样，一般很难凭手册确定磨削用量，要通过试验不断调整参数，因而表面质量较难准确控制。近年来，国内外对磨削用量最优化做了不少研究，分析了磨削用量与磨削力、磨削热之间的关系，并用图表表示各参数的最佳组合，加上计算机的运用，通过指令进行过程控制，使得小粗糙度磨削逐步达到了应有的效果。

3.7.2　采用超精密加工、珩磨、研磨等方法作为最终工序加工

超精密加工、珩磨等都是利用磨条以一定压力压在加工表面上，并做相对运动以降低表面粗糙度和提高精度的方法，一般用于表面粗糙度 R_a 为 $0.4\,\mu m$ 以下

的表面加工。该加工工艺由于切削速度低、压强小，所以发热少，不易引起热损伤，并能产生残余压应力，有利于提高零件的使用性能；而且加工工艺依靠自身定位，设备简单，精度要求不高，成本较低，容易实行多工位、多机床操作，生产效率高，因而在大批量生产中应用广泛。

1. 珩磨

珩磨是利用珩磨工具对工件表面施加一定的压力，同时珩磨工具还要相对工件完成旋转和直线往复运动，以去除工件表面的凸峰的一种加工方法。珩磨后工件圆度和圆柱度一般可控制在 0.003 ～ 0.005mm，尺寸精度可达 IT6 ～ IT5，表面粗糙度 R_a 在 0.2 ～ 0.025μm 之间。

珩磨时所用的磨具，是由几根（一般为 2 ～ 12 根）粒度很细的油石所组成的珩磨头，相对工件做旋转运动和直线往复运动珩磨时，油石在径向压力作用下，相对工件做径向进给运动，这两种运动的组合，使油石上的磨粒在孔的表面形成交叉而又不重复的网纹切削轨迹。当珩磨头向上运动时，得到的是右旋螺线；向下运动时，得到左旋螺线，如图 3-3 所示。珩磨时，油石与孔壁接触面积大，参加切削的磨粒很多，因此，每一磨粒上的切削力很小。加之珩磨的切削速度低，所以所磨的发热量少，孔表面不易烧伤，变形后很薄，从而可获得高的表面质量。

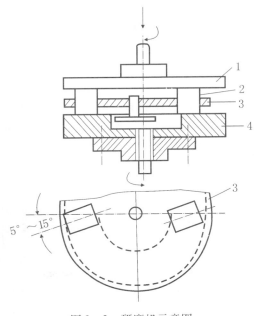

图 3-3　研磨机示意图

珩磨原理及磨粒运动轨迹如图 3-4 所示。

由于珩磨头和机床主轴是浮动连接，因此机床主轴回转运动误差对工件的加工精度没有影响。因为珩磨头的轴线往复运动是以孔壁作导向的，即是按孔的轴线进行运动的，故在珩磨时不能修正孔的位置偏差，工件孔轴线的位置精度必须由前一道工序来保证。

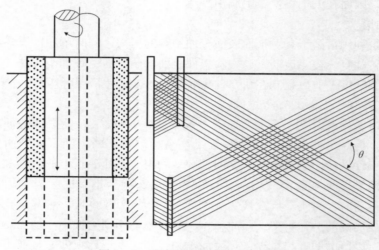

图 3-4　珩磨原理及磨粒运动轨迹

珩磨时，虽然珩磨头的转速较低，但其往复速度较高，参与磨削的磨粒数量大，因此能很快地去除金属。为了及时排出切屑和冷却工件，必须进行充分冷却润滑。珩磨生产效率高，可用于加工铸铁、淬硬或不淬硬钢，但不宜加工易堵塞油石的韧性金属。

2. 超精加工

超精加工是用细粒度油石，在较低的压力和良好的冷却润滑条件下，以快而短促的往复运动，对低速旋转的工件进行振动研磨的一种微量磨削加工方法。

超精加工的工作原理如图 3-5 所示，加工时有三种运动，即工件的低速回转运动、磨头的轴向进给运动和油石的往复振动。三种运动的合成使磨粒在工件表面上形成不重复的轨迹。超精加工的切削过程与磨削、研磨不同，当工件粗糙表面被磨去之后，接触面积大大增加，压强极小，工件与油石之间形成油膜，两者不再直接接触，油石能自动停止切削。

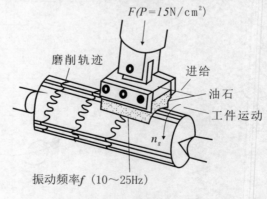

图 3-5　超精加工的工作原理

超精加工的加工余量一般为 3~

$10\mu m$，所以它难以修正工件的尺寸误差及形状误差，也不能提高表面间的相互位置精度，但可以降低表面粗糙度，能得到表面粗糙度 R_a 为 $0.1 \sim 0.01\,\mu m$ 的表面。目前，超精加工能加工各种不同材料，如钢、铸铁、黄铜、铝、陶瓷、玻璃、花岗岩等，能加工外圆、内孔、平面及特殊轮廓表面，广泛用于对曲轴、凸轮轴、刀具、轧辊、轴承、精密量仪及电子仪器等精密零件的加工。

3. 研磨

研磨是利用研磨工具和工件的相对运动，在研磨剂的作用下，对工件表面进行光整加工的一种加工方法。研磨可采用专用的设备进行加工，也可采用简单的工具，如研磨心棒、研磨套、研磨平板等对工件表面进行手工研磨。研磨可提高工件的形状精度及尺寸精度，但不能提高表面位置精度，研磨后工件的尺寸精度可达 $0.001\,mm$，表面粗糙度 R_a 可达 $0.025 \sim 0.006\,\mu m$。

研磨时，先将磨料压在研具表面，或在研具或工件表面上涂一层研磨剂，然后在工件和研具之间施加一定的压力，并使其做复杂的相对运动。由于研磨剂中的磨料和研磨液分别对加工表面起切削作用和物理化学作用，故从工件表面除去一层极薄金屑，从而获得很高的尺寸精度和表面质量。图 3-6（a）是磨料在研磨韧性材料时的示意图。研磨时有滑动切削和滚动切削两种作用。滑动切削的磨粒固定在研具上，靠磨粒在工件上的滑移进行切削，滚动切削的磨粒基本上是自由状态，在研具和工件之间以相对滚动来进行切削。图 3-6（b）为研磨脆性材料时，磨粒在压力的作用下使加工表面产生裂纹，随着磨粒的运动，裂纹不断扩大、交错，形成碎片，最后变成切屑脱离工件。当研磨剂加油酸或硬脂酸等辅助材料时，由于辅助材料与工件表面的氧化膜产生化学作用，使被研磨表面软化，从而提高了研磨效果。

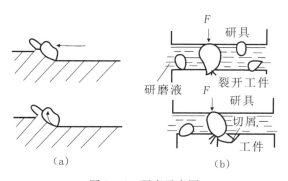

（a）　　　　　　　　　　（b）

图 3-6　研磨示意图

研磨的适用范围广，既可加工金属，又可加工非金属，如光学玻璃、陶瓷、半导体、塑料等；一般说来，刚玉磨料适用于对碳素工具钢、合金工具钢、高速钢及铸铁的研磨，碳化硅磨料和金刚石磨料适用于对硬质合金、硬铬等高硬度材料的研磨。

4. 抛光

抛光是在布轮、布盘等软性器具涂上抛光膏，利用抛光器具的高速旋转，依靠抛光膏的机械刮擦和化学作用去除工件表面粗糙度的凸峰，使表面光泽的一种加工方法。抛光一般不去除加工余量，因而不能提高工件的精度，有时可能还会损坏已获得的精度；抛光也不可能减少零件的形状和位置误差。工件表面经抛光后，表面层的残余拉应力会有所减少。

3.8 改善表面物理力学性能的加工方法

如前所述，表面层的物理力学性能对零件的使用性能及寿命影响很大，如果在最终工序中不能保证零件表面获得预期的表面质量要求，则应在工艺过程中增设表面强化工序来保证零件的表面质量。表面强化工艺包括化学处理、电镀和表面机械强化等几种。这里仅讨论机械强化工艺问题。机械强化是指通过对工件表面进行冷挤压加工，使零件表面层金属发生冷态塑性变形，从而提高其表面硬度并在表面层产生残余压应力的无屑光整加工方法。采用表面强化工艺还可以降低零件的表面粗糙度。这种方法工艺简单、成本低，在生产中应用十分广泛，用得最多的是喷丸强化和滚压加工。

3.8.1 喷丸强化

喷丸强化是利用压缩空气或离心力将大量直径为 $0.4 \sim 4$ mm 的珠丸高速打击零件表面，使其产生冷硬层和残余压应力的加工方法，可显著提高零件的疲劳强度。珠丸可以采用铸铁、砂石以及钢铁制造。所用设备是压缩空气喷丸装置或机械离心式喷丸装置，这些装置使珠丸能以 $35 \sim 50$ mm/s 的速度喷出。喷丸强化工艺可用来加工各种形状的零件，加工后零件表面的硬化层深度可达 0.7 mm，表面粗糙度值 R_a 可由 3.2μm 减少到 0.4μm，使用寿命可提高几倍甚至几十倍。

3.8.2 滚压加工

滚压加工是利用金属产生塑性变形，从而达到改变工件的表面性能、形状和尺寸的目的的加工方法。液压时，采用硬度较高的滚压轮或滚珠，对半精加工的零件表面在常温条件下加压，使其受压点产生弹性及塑性变形，进而不但降低表面粗糙度，而且使表面层的金属结构和性能也发生变化，晶粒变细，并向着变形最大的方向延伸，呈纤维状，在表面留下有利的残余应力。液压加工的目的有三：其一以强化零件为主，加压大，变形层深（$1.5 \sim 15$mm），并在其表面产生了冷硬层和残余压应力，使零件的承载能力和疲劳强度得以提高；其二以降低表面粗糙度和提高硬度为主，滚压加工可使表面粗糙度 R_a 从 $1.25 \sim 5 \mu$m 减少到 $0.8 \sim 0.63 \mu$m，表面层硬度一般可提高 $20\% \sim 40\%$，表面层金属的耐疲劳强度可提高30%～50%；其三以获得表面形状为主，如滚花、滚轧齿轮、螺纹等。
图3-7为外圆滚压加工示意图。

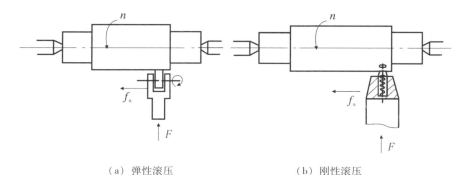

（a）弹性滚压　　　　　　　　　（b）刚性滚压

图3-7　外圆滚压加工示意图

滚压用的滚轮常用碳素工具钢T12A或者合金工具钢CrWMn、Cr12、CrNiMn等材料制造，淬火硬度在62～64HRC；或用硬质合金YG6、YT15等制成；其型面在装配前需经过粗磨，装上滚压工具后再进行精磨。

3.8.3　金刚石压光

金刚石压光是一种用金刚石挤压加工表面的新工艺，已在国外精密仪器制造业中得到较广泛的应用。压光后的零件表面粗糙度 R_a 可达 0.4～0.02 μm，耐磨性比磨削后提高1.5～3倍，但比研磨后低20%～40%，而生产率却比研磨高得多。金刚石压光用的机床必须是高精度机床，它要求机床刚性好、抗震性好，以免损坏金刚石。此外，它还要求机床主轴精度高，径向跳动和轴向窜动在0.01mm以内，主轴转速能在2500～6000 r/min的范围内无级调速。机床主轴运动与进给运动应分离，以保证压光的表面质量。

任务四 模具零件加工精度控制

 请你思考：

你怎样看模具的加工精度？

控制尺寸精度的方法有哪些？

一起来学：

➡ 加工精度的概念。

➡ 控制尺寸精度的方法。

➡ 影响加工精度的因素。

➡ 保证和提高加工精度的途径。

4.1 概 述

产品（或机器）的质量是由零件的加工质量和机器的装配质量两方面保证的，其中零件的加工质量是保证产品质量的基础，直接影响到产品的使用性能和寿命。而零件的加工质量是由零件的机械加工精度和加工表面质量决定的。它们的关系如下：

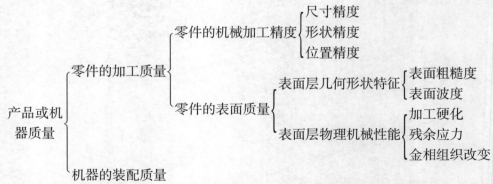

研究加工精度的目的在于：找出影响零件机械加工精度的因素即工艺系统的原始误差；弄清各种原始误差对加工精度的影响规律，掌握控制加工误差的方法；寻找提高零件机械加工精度的途径。

4.1.1　加工精度的概念

在机械加工中，由于各种因素的影响，刀具和工件间的正确位置发生变化，使加工后的表面不能与理想表面完全相同，如车削后工件的外圆尺寸有大有小；外圆柱面出现锥形、多角形及椭圆形；箱体镗出的孔与基准平面不垂直或不平行。零件加工后的实际几何参数（尺寸、形状和位置）与理想几何参数的符合程度称为加工精度。两者不符合的程度称为加工误差。加工精度越高，则加工误差越小。

4.1.2　零件加工精度的主要内容

（1）尺寸精度。

指加工表面的尺寸（如孔径、轴径、长度）及加工表面到基面的尺寸（如孔到面、面到面的距离）的精度。

（2）几何形状精度。

指加工表面的宏观几何形状（如圆度、圆柱度、平面度等）的精度。

（3）相对位置精度。

指加工表面与其他表面的相对位置（如平行度、垂直度、同轴度等）的精度。

4.2　控制尺寸精度的方法

4.2.1　定尺寸刀具法

加工表面的尺寸由刀具的相应尺寸保证，如钻孔、铰孔、拉孔、攻螺纹、套螺纹等加工方法。用定尺寸刀具控制加工尺寸十分方便，生产率高，加工精度也较稳定，如车库上铰孔要比车孔方便。采用定尺寸刀具法会受刀具规格的限制，加工精度主要由刀具精度决定，刀具经多次刃磨，质量及加工余量的变化也会影响加工精度，刀具经多次刃磨尺寸变小（变大）后就无法继续使用。

4.2.2　试切法

试切法即加工时按确定的转速、进给量在工作上试切一小部分，再根据测量结果调整刀具位置，然后再试切→测量→调整，直至加工尺寸符合要求后再正式切削全部加工表面（如图 4－1 所示）的方法。用试切法可控制轴、孔的直径尺寸，也可控制平面、孔到基面的距离。试切时的测量、调整误差，试切部位与正式切削部位切削

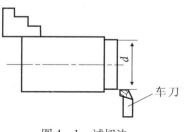

图 4－1　试切法

条件的差异，损伤者的技术高低都会影响加工精度。试切法的加工精度较高，但生产率低，主要用于单件及小批生产。

4.2.3 定程法

在成批、大量生产中，为提高生产率，可采用定程挡块、靠模、行程形状及百分表来确定开始加工及加工结束时，刀具与工件的相对位置，使同一批零件的加工尺寸一致。例如，在组合机床上或镗床上，用对刀块来调整镗刀的位置，以保证镗孔的直径尺寸（如图4-2所示）；又如在铣床上用对刀块来调整刀具的位置。保证工件的高度尺寸，为了避免刀具与对刀块相撞，可用塞规来调整（如图4-3所示）。生产批量小时，一般采用先进进刀机构的刻度进行定程。在车床上可用中拖板上的挡块或百分表确定车刀的横向位置，用床身上的挡块确定车刀的纵向位置。用定程法加工时，可用试切法或采用用于对刀的样品工件来调整定程元件的位置，或确定手柄刻度值及百分表的读数。

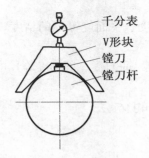

图4-2 镗孔时的定程法对刀

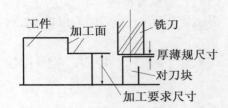

图4-3 铣削时的定程法对刀

定程装置的重复精度、刀具的磨损、工艺系统的热变形、同批工件的硬度及加工余量的变化等因素，都会影响加工精度，因此采用定程法加工时应经常抽验工件并及时进行调整，防止成批报废工件。

4.2.4 边测量边加工法

磨削时的加工表面是逐渐接近加工尺寸的，因此可以边测量边进行加工，当达到所需尺寸时停止加工，这种方法可得到较高的精度及生产率（不用停机测量）。图4-4显示了外圆磨床上进行主动测量的情况。加工时可采用机械式量具如百分表，也可用电感式或电容式测量传感器，使用前应该用标准规进行校对。如将测量部分与自动控制部分配套工作，可实现加工尺寸的自动控制，这种方法在轴承工业中应用较广。

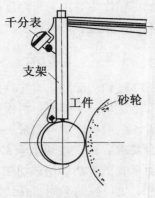

图4-4 边测量边加工法

4.3　影响加工精度的因素

在机械加工过程中，工艺系统各环节间相互位置相对于理想状态产生的偏移，即工艺系统的误差，称为原始误差。这些原始误差是影响加工精度的主要因素。在工艺系统的诸多原始误差中，一部分与工艺系统的初始状态有关，另一部分与切削过程有关。按照这些原始误差性质进行归类如下：

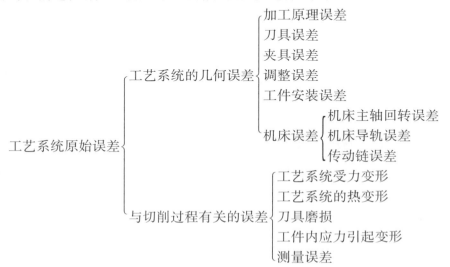

在机械加工中，零件的尺寸、形状和表面相互位置的形成，归根到底取决于工件和刀具在切削过程中的相互位置关系。而工件和刀具，又分别安装在夹具和机床上，并受夹具和机床的约束。因此，机械加工时，机床—夹具—刀具—工件构成了一个加工系统，称为工艺系统。这个系统的各种误差，在不同条件下，将不同程度地反映为加工误差。工艺系统的误差可归纳为：原理误差、工件的安装误差、加工系统的几何误差、工艺系统力效应产生的误差、工艺系统热变形产生的误差、工件内应力引起的变形、调整误差、测量误差等。以下将分别研究它们的特点和产生的根源，以及它们与加工误差的关系。这是控制零件加工误差、保证和提高零件加工精度的理论基础。

4.3.1　原理误差

在加工中采用近似的加工运动或近似的刀具刃形所产生的加工误差，称为原理误差。例如，在车床上车蜗杆时，其挂轮按速比 i 计算，而

$$i = \frac{蜗杆螺距\ t}{机床丝杆螺距\ T} = \frac{z_1}{z_2}\frac{z_3}{z_4} \tag{4-1}$$

式中蜗杆螺距 t 等于蜗轮的周节，即 $t = m\pi$。π 是一个无理数，为 3.141592

43

6……，在挂轮计算时只能用近似的分数来代替，这就造成了近似的加工运动和加工后的螺距误差。

又例如，在万能铣床上用模数盘铣刀铣齿时，从理论上讲应要求刀具刃形与齿槽形状完全相同，即每一种模数、每一种齿数的齿轮，都应有相应的铣刀。但这样就必须准备大量不同规格的铣刀，这既不经济，也不可能。实际生产中是将同模数不同齿数的齿轮，按齿数分为 8 组（或 15 组），在每组的齿数范围内，使用同一把铣刀。如齿数 21～25 为第 4 组，加工这组齿轮时，都使用按组内最小齿数 21 的齿形设计的 4 号盘铣刀。这对于组内其他齿数来说，加工后齿形便会出现误差。

采用近似的成形运动或近似的刀刃廓，虽然会带来加工原理误差，但往往可以简化机床或刀具的结构，有时反而可以得到高的加工精度，并且能提高生产率和经济性。因此只要其误差不超过规定的精度要求，在生产中仍得到广泛的应用。

4.3.2　工艺系统的几何误差

工艺系统的几何误差是指机床、夹具、刀具的制造误差和磨损，以及机床的传动链误差等。这些误差都会不同程度地反映到工件上，降低工件的加工精度，现分别讨论如下。

1. 机床的几何误差

加工中刀具相对工件的成形运动一般是由机床完成的。机床的几何误差通过成形运动反映到工件表面上。虽然加工方法很多，但成形运动绝大部分是由回转运动和直线运动这两种基本运动所组成。因此，分析机床几何误差的问题，可转化为分析回转运动和直线运动的误差问题。特别那些直接与工件和刀具相关联的机床零部件，其回转运动和直线运动的误差影响最大。本节着重分析机床几何误差中对加工精度影响最大的主轴回转误差、导轨误差和传动链误差等。

（1）主轴回转误差。

机床主轴是决定工件（或刀具）位置和运动的重要零件，它的回转误差会直接影响工件的加工精度。理想的主轴回转运动，其回转的空间位置应该是稳定不变的。但实际上由于存在着轴颈的圆度误差、轴颈的同轴度误差、轴承本身的各种误差、轴承之间的同轴度误差、主轴的挠度和支承端面对轴颈轴心线的垂直度误差等原因，使主轴每一瞬时的回转轴线的空间位置都在变动。主轴回转轴线对理想回转轴线的偏离量，称为主轴的回转误差，它由重复性和非重复性的两种运动误差组成。重复性误差通常是由轴颈的圆度误差、挠度（不变的）和轴颈（或轴承内孔）与轴承内滚道的同轴度误差所引起的。非重复性误差一般是由轴承的随机运动、负荷不稳定产生的挠度（变动的）所引起的。这后一种误差运动不以主轴一转为周期，误差方位和大小每转都在变动，称为主轴轴线漂移。

主轴的回转误差可以分为三种基本形式：轴向窜动、径向跳动和角度摆动。如图 4 - 5 所示。不同形式的主轴回转误差，对加工精度的影响是不同的；同一形式的主轴回转误差对不同加工方法（如车和镗）的影响也不一样。

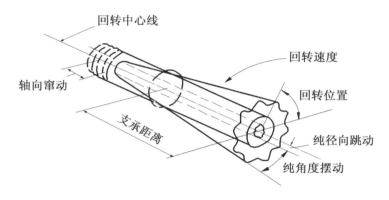

图 4 - 5　主轴回转误差的基本形式

主轴纯径向跳动，会使被加工表面产生圆度、圆柱度和波度等误差。在镗床上镗孔时，若轴颈与滚动轴承内环的同轴度误差造成重复性跳动，则此重复性跳动，不论方向在哪里，对工件圆度误差的影响都很小。图 4 - 6 所示主轴轴线的偏移 A 在垂直方向，由此产生的半径误差为 ΔR，则

$$A^2 = (R + \Delta R)^2 - R^2 = R^2 + 2R\Delta R + \Delta R^2 - R^2$$

忽略 ΔR^2 项可得

$$\Delta R \approx A^2 / 2R \qquad\qquad (4 - 2)$$

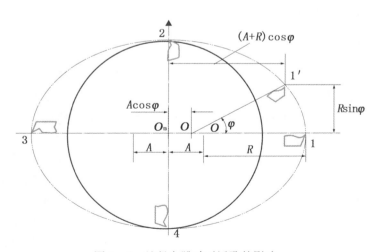

图 4 - 6　纯径向跳动对镗孔的影响

设计件直径为 $\phi = 100\text{mm}$，$A = 0.01\text{mm}$，则产生的半径误差 ΔR 只有 $0.001\mu\text{m}$，影响很小。若轴线跳动 A 在水平方向，则工件在 1 处切出的半径比 2、4 两处小一个 A 值，而在 3 处切出的半径，则比 2、4 两处大一个 A 值，故车出的工件表面仍然接近于真圆，即工件圆度误差很小。若主轴轴颈为椭圆形，造成重复性的每转两次跳动，则车出的工件也为椭圆形，只是中方位不同罢了。不论车、镗，若主轴轴线为非线性的纯跳动（漂移），就会造成被加工表面的圆度和圆柱度误差。

主轴轴线纯轴向窜动，在车端面时，会造成端面对轴线不垂直（图 4－7）。此时主轴每转一周来回窜动一次，向前窜动的半周形成右螺旋面，向后窜动的半周形成左螺旋面，最后切出了的图形在中心附近出现一个凸台的形状。主轴轴向窜动，在车圆锥面时，会造成锥面母线不直。在这种情况下车螺纹，会造成螺纹一周内的螺距误差（或称螺距的小周期误差）。主轴轴线纯角度摆动，在车床上车圆柱面时会使工件产生锥度；在镗床上镗孔时，会形成椭圆形；在车端面时将造成端面不平。

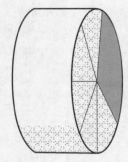

图 4－7　主轴轴向窜动对端面的影响

主轴回转误差产生的根源很多，主要有以下方面。

①轴承间隙过大。当主轴和轴承的配合间隙过大，主轴的变动量必然增大。

②滑动轴承结构中主轴和轴承的圆度误差。车床类机床上主轴受力方位不变，始终压向轴承套的某一位置回转，此时主轴轴颈的圆度误差是造成轴线径向跳动的主要原因，而轴承套的圆度误差却影响很小，若为镗床类机床，主轴受力方位随镗刀的回转而变动，轴颈始终经某一固定部位与轴承套孔的圆周依次接触，故轴承孔的圆度误差是造成主轴轴线跳动的主要原因，而轴颈的圆度误差影响却很小。

③滚动轴承结构中滚动轴承的误差。滚动轴承内外滚道的圆度和波道误差、内环的壁厚误差以及滚动体（滚珠、滚柱和滚针）的尺寸误差和圆度误差，这些误差综合起来会造成主轴轴线的纯跳动。主轴轴线的漂移（每转跳动方位和跳动量都是变动的），是因为滚动体自转和公转的周期与主轴（连同轴承内环）有差异的缘故。止推轴承滚道的端面跳动和滚动体的尺寸、形状误差是造成主轴轴向窜动的原因。主轴止推轴肩、过渡套或垫圈有端面跳动，也会引起轴向窜动。圆锥滚子轴承和向心推力球轴承，若内外滚道倾斜，既会造成主轴轴线窜动，又会引起径向跳动。

④ 有关配合零件的加工精度和装配质量也是影响主轴回转误差的重要因素。由于轴承内外环是薄壁零件，受力后极易变形，若主轴轴颈和轴承座孔不圆，则内、外环与它们配合（有一定过盈）时，会引起滚道变形，从而破坏轴承原有精度。主轴各轴颈的同轴度误差，会使主轴轴线整弯而产生偏斜，并使主轴端部锥

孔和定心轴颈对回转轴线产生偏心。

为了避免主轴回转误差对零件加工精度的影响，在外圆磨床上，采用前后顶尖都不旋转，只起定心作用，工件则是依靠单独旋转的拨盘带动传递扭矩。高精度的现代机床，为了提高主轴回转精度，广泛采用了液体静压轴承和气体静压轴承，主轴轴线的径向跳动量已能控制在 $0.1\mu m$ 以下。

（2）导轨误差。

导轨是机床中确定各主要部件相对位置的基准，也是运动的基准，它的各项误差直接影响被加工零件的精度。

①导轨的直线度误差。车床导轨在水平面内不直，会使刀尖在水平面内发生位移 x，引起工件半径上的最大误差 ΔR_1 为

$$\Delta R_1 = x \tag{4-3}$$

ΔR_1 将使被加工表面产生圆柱度误差。

导轨在垂直面内不直，在车床上将使刀具产生垂直位移 z，引起工件半径上的误差 ΔR_2 为

$$\Delta R_2 \approx \frac{z}{D} \tag{4-4}$$

ΔR_2 也会使被加工表面产生圆柱度误差，只是影响很小。但在龙门刨床和龙门铣床上，导轨在垂直平面内的直线度误差，则会直接反映在工件上，不可忽视。

②两导轨在垂直平面内的平行度误差。导轨在垂直平面内存在平行度误差（或称扭曲），会使车床拖板在沿床身移动时发生倾斜，从而使刀尖相对于工件产生偏移，影响加工精度。对于外圆磨削，床身导轨在垂直平面内不平行，会使工作台运动时产生倾斜，工件中心变动，从而引起工件的几何形状误差。

③导轨与主轴轴线不平行。导轨与主轴轴线在水平面内不平行，车出的内、外圆柱面呈锥形。导轨与主轴轴线在垂直平面内不平行，则车出的内、外圆柱面的母线为双曲线，但误差值较小。

机床导轨的各种误差来源于制造误差，也来源于使用过程中的不均匀磨损，还来源于机床的不正确安装或地基质量不好，从而破坏了导轨原有的制造精度。为了减少导轨误差对零件加工精度的影响，除了提高设计和制造质量外，还应在使用前保证地基和安装的质量，使用中细心维护，注意润滑，定期维修，以保持其原有精度。

（3）传动链误差。

切削过程中，为了保证工件的精度，要求工件和刀具间必须有准确的运动关系。如车螺纹、磨螺纹、滚齿和磨齿等。在这些情况下，传动链中各元件的制造误差、安装误差和工件中的磨损，必然要引起切削运动的变化，造成被加工零件的误差。因此，传动链的传动误差是造成加工误差的主要因素。

47

例如，车螺纹时，要求工件与丝杠之间必须恒定地保持以下关系不变

$$S = \frac{z_1}{z_2} \frac{z_3}{z_4} \frac{z_5}{z_6} \frac{z_7}{z_8} T = i_1 i_2 i_3 i_4 T = i_n T \tag{4-5}$$

可见各对齿轮的总速比 i_n 和丝杠螺距 T 有误差时，工件螺距 S 将产生误差。其中引起总速比误差的因素，除挂轮齿数选配的近似计算误差外，还有各传动元件的制造和安装误差（如齿轮的等分误差和安装偏心等）。

设齿轮 1 转过 φ_1 角时，齿轮 8 相应地转过 φ_8 角，它们的关系是

$$i_n = \frac{n_8}{n_1} = \frac{\varphi_8}{\varphi_1} \tag{4-6}$$

当主轴带动工件等速转动时，若主轴上的齿轮 1 存在周节误差，多转或少转 $\Delta\varphi_1$，则齿轮 8 相应地多转或少转 $\Delta\varphi_8$，即

$$\Delta\varphi_8 = i_n \Delta\varphi_1 \tag{4-7}$$

这一转角误差带到丝杠上后，就会引起被加工零件的螺距误差 ΔS，它们的关系是

$$\frac{T}{2\pi} = \frac{\Delta S}{\Delta\varphi_8} \tag{4-8}$$

故

$$\Delta S = \Delta\varphi_8 \frac{T}{2\pi} = i_n \Delta\varphi_1 \frac{T}{2\pi}$$

由此可知，传动链元件的误差会使丝杠的转速不均匀，因而破坏了工件一转内刀具均匀进给一个螺距的关系，使工件螺距产生周期性误差。式中，i_n 反映了第一个传动元件的转角误差对传动链精度的影响程度，故可称为误差传递系数。如果 $i_n > 1$（即升速传动），则误差被扩大；如 $i_n < 1$（即减速传动），则误差被缩小。传动链中所有元件的误差都是按这个规律传到末端元件的。当传动链为降速传动时（一般是这种情况），传动链前面挂轮虽有较大误差，但经降速后，对工件加工误差的影响已大为减少。但是作为末端元件的丝杠和安装丝杠上的齿轮，其误差则将直接传给工件，故末端元件对传动链误差的影响最大。

综上所述，车削螺纹时，丝杠精度和装在丝杠上的齿轮精度，是影响螺距加工精度的最主要的因素。

为了减少机床传动链误差对加工精度的影响，可采取以下措施：

①减少传动链中环节，缩短传动链，以减少误差来源。

②提高传动元件，特别是末端元件的制造精度和安装精度。

③消除传动间隙，稳定速比。

④采用误差校正装置，提高传动链精度。

2. **夹具与刀具的误差**

（1）夹具误差。夹具误差主要是指夹具的定位元件、导向元件及夹具体等加工与装配误差，它对被加工工件的位置误差有较大的影响。夹具的磨损是逐渐的缓慢过程，它对加工误差的影响不很明显，对它们进行定期的检测和维修，便可

提高其几何精度。装夹时还存在着定位误差和夹紧误差。

（2）刀具误差。刀具误差对加工精度的影响，与刀具的种类有关。常见有：一般刀具、定尺寸刀具和成形刀具。

①一般刀具（如车刀、铣刀、镗刀等）的制造精度，对加工精度没有直接影响。但多刀具与工件的相对位置调整好以后，在加工过程中，刀具的磨损将会影响加工误差。

②定尺寸刀具（如钻头、铰刀、拉刀、链槽铣刀等）的制造误差及磨损误差，均直接影响被加工零件的尺寸精度。刀具的安装使用不当时，也将影响加工误差。

③成形刀具（如成形车刀、成形铣刀和成形砂轮等）的制造和磨损误差，主要影响被加工工件的形状精度。

用展成法加工（如滚法、插齿）时，零件的加工精度除受展成运动精度的影响外，还受刀具几何形状和有关尺寸的影响。

3．调整误差

零件加工的每一道工序中，为了获得被加工表面的形状、尺寸和位置精度，必须对机床、夹具和刀具进行调整。而采用任何调整方法及使用任何调整工具都难免带来一些原始误差，这就是调整误差。

机械加工中，根据零件的生产量和加工精度，采用不同的调整方法。如单件小批量生产时，则多采用试切法调整。大批量生产时，一般采用样板、样件、模块及靠模等调整工艺系统。

产生调整误差的原因很多，试切法调整的主要调整误差有：

（1）测量误差。测量工具的制造误差，读数误差及测量温度、测量力的变化所引起的误差。

（2）进给机构的位移误差。在试切中，总是微调刀具的进给量，在低速微量进给中，常会出现进给机构的"爬行"现象，其结果会使刀具的实际进给量比转动刻度盘的数值要偏大或偏小些，造成加工误差。

（3）最小切削厚度极限的影响。精加工时，试切的最后一刀余量往往很小，若达到了切削厚度的极限值，则刀具只起挤压而不起切削作用。但正式切削时加工余量较大，切削正常进行，因此工件尺寸就与试切时不同，产生了尺寸误差。

用调整法调整：

①用定程机构调整，在自动机床、半自动机床和自动线上，广泛采用行程挡块、靠模、凸轮等机构来保证加工精度。这些机构的制造精度的刚度，以及与其配合使用的离合器、控制阀等的灵敏度，就成了影响调整误差的主要因素。

②用样件或样板调整，在各种仿形机床、多刀机床和专用机床加工中，常采用专门的样板或样件来调整刀具与夹具、刀具与工件之间的相对位置，从而保证零件的加工精度。这种情况下，样板或样件的制造误差、安装误差和对刀误差就成了影响调整误差的主要因素。

4.3.3　工艺系统的受力变形

机床—夹具—工件—刀具组成的工艺系统是一弹性系统。加工时，工艺系统在切削力和其他外力作用下，各组成环节会发生弹性变形；同时，各环节接合处还会发生位移。这些破坏了刀具与工件之间的正确位置，造成工件在尺寸、形状和表面位置方面的加工误差。

1. 工艺系统的刚度

刚度是物体抵抗使其变形的作用的能力，即作用力 F 与其引起的在作用力方向上的变形量 y 的比值。

$$k = \frac{F}{y} \quad (\text{N/mm}) \tag{4-9}$$

式中　F——作用力，N；

　　　　y——沿作用力方向上的变形量，mm。

在切削加工过程中，工艺系统的各部分在各种外力的作用下，会在各个受力方向产生相应的变形，但其中对加工精度影响最大的是沿加工面法向的作用力 F_y，以及沿 F_y 方向引起的变形 $y_{系统}$。因此，工艺系统刚度（$k_{系统}$）是指加工面法向的作用力 F_y 与该方向上的位移 $y_{系统}$ 的比值，即

$$k_{系统} = \frac{F_y}{y_{系统}} \quad (\text{N/mm}) \tag{4-10}$$

上式可改写为 $y_{系统} = F_y / k_{系统}$。它说明，当切削力一定时，作用在系统上的切削力越大，则系统的位移也越大；切削力越小，位移也越小。当切削力一定时，由受力位移产生的误差决定于系统刚度，系统刚度大，位移量小；系统刚度小，位移量大。但是，若系统刚度足够大时，尽管有切削力和其他外力的作用，也能使位移量减少到最低限度。故工艺系统受力位移产生的加工误差，主要决定于系统本身的刚度。

①接触面刚度差。由于配合零件表面具有宏观的形状误差和微观的粗糙度，因此，实际接触面积只是理论接触面积的一小部分，真正处于接触状态的只是个别凸峰。所以，接触表面随外力作用的增加，将产生弹性和塑性变形，使接触面相互靠近，即产生相对位移。这就是部件刚度远比实体零件刚度低的原因。

②系统中的薄弱零件，受力后极易产生较大的变形。

③接触面之间的摩擦力，在加载时会阻止变形的增加，卸载时又会阻止变形的恢复。

④有的接触面存在间隙和润滑油膜。

因此，一个部件受力位移的大致过程首先是消除各有关配合零件之间的间隙和挤掉其间的油膜的变形，接着主要是部件中薄弱环节零件的变形，最后则是其他组成零件本身的弹性变形和相互连接面的弹性变形和塑性变形参加进来。

从一个部件受力位移和每个零件变形的关系来看，凡是外力能传达到的每个

环节，都有不同程度的变形汇总到部件或整个工艺系统的总位移中去。因此，工艺系统在受力情况下的总位移量度系统是各组成部分变形和位移叠加，即

$$y_{系统} = y_{机床} + y_{夹具} + y_{刀具} + y_{工件} \qquad (4-11)$$

而 $k_{系统} = \dfrac{F_y}{y_{系统}}$　$k_{机床} = \dfrac{F_y}{y_{机床}}$　$k_{夹具} = \dfrac{F_y}{y_{夹具}}$　$k_{刀具} = \dfrac{F_y}{y_{刀具}}$　$k_{工件} = \dfrac{F_y}{y_{工件}}$

故 $k_{系统} = \dfrac{1}{(1/k_{机床}) + (1/k_{夹具}) + (1/k_{刀具}) + (1/k_{工件})}$　（N/mm）　$(4-12)$

这就是说，知道了工艺系统各组成环节的刚度以后，工艺系统刚度即可求出。各组成环节中，工件和刀具受力变形的情况及其刚度，按照不同的安装方法，根据材料力学的理论可以直接计算出来，这里不再重复。

2. 工艺系统刚度对零件加工精度的影响

工艺系统刚度对零件加工精度的影响分三种情况来讨论：

（1）由于受力点位置变化而产生的几何形状误差。

工艺系统因受力点位置的变化，其压移量也随之变化，因而造成工件的形状误差。例如，在车床两顶尖上车外圆，设工件刚度很大，在切削力 F_y 作用下的变形可以忽略不计，则工艺系统的总压移取决于机床的头座、尾座和刀架的压移。图 4-8 所示为刀具距离前顶尖 x 时，工艺系统的变形情况。

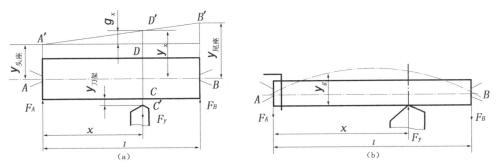

图 4-8　工艺系统受力变形随施力点位置的变化情况

由图可知，离前顶尖 x 处系统的总位移为

$$y_{系统} = y_{刀架} + y_x \qquad (4-13)$$

式中 $y_x = y_{头座} + \delta_x$。由相似三角形原理得

$$\delta_x = \frac{x}{l}(y_{尾座} - y_{头座}) \qquad (4-14)$$

故　　　　　$$y_{系统} = y_{刀架} + y_{头座} + \frac{x}{l}(y_{尾座} - y_{头座}) \qquad (mm) \qquad (4-15)$$

作用在刀架上的力就是推力 F_y。若设作用在头座和尾座上的力分别为 $F_{头座}$ 和 $F_{尾座}$，则由力的平衡关系得 $F_{头座} = F_y \dfrac{(l-x)}{l}$、$F_{尾座} = F_y \dfrac{x}{l}$。

而刀架、头座、尾座的位移量分别为

$$y_{刀架} = \frac{F_y}{k_{刀架}} \qquad y_{头座} = \frac{F_{头座}}{k_{头座}} = \frac{F_y}{k_{尾座}} \frac{(l-x)}{l}$$

$$y_{尾座} = \frac{F_y}{k_{尾座}} = \frac{F_y}{k_{尾座}} \frac{x}{l}$$

将它们代入公式（4-15），可得工艺系统的位移量为

$$y_{系统} = \frac{F_y}{k_{刀架}} + \frac{F_y}{k_{头座}} \frac{l-x}{l} + \frac{x}{l}\left(\frac{F_y}{k_{尾座}} \frac{x}{l} - \frac{F_y}{k_{头座}} \frac{l-x}{l}\right)$$

$$= F_y\left[\frac{1}{k_{刀架}} + \frac{1}{k_{头座}}\left(\frac{l-x}{l}\right)^2 + \frac{1}{k_{尾座}}\left(\frac{x}{l}\right)^2\right] \quad （mm）$$

则工艺系统的刚度为

$$k_{系统} = \frac{F_y}{y_{系统}} = \frac{1}{\frac{1}{k_{刀具}} + \frac{1}{k_{头座}}\left(\frac{(l-x)}{l}\right)^2 + \frac{1}{k_{头座}}\left(\frac{x}{l}\right)^2} \quad （N/mm） \qquad (4-16)$$

由式（4-16）可知，工艺系统的刚度随进给位置 x 的改变而改变；刚度大则位移小，刚度小则位移大。由于工艺系统的位移量是 x 的二次函数，故车成的工件母线不直，两头大，中间小，呈鞍形。

若假设工件细长、刚度很低，机床、夹具、刀具有切削推力作用下的位移可以忽略不计，则工艺系统的位移完全等于工件的变形量，如图 4-8 所示。按《材料力学》的计算公式，在切削点 x 处的工件变形量为

$$y_{工件} = \frac{F_y}{3EI} \frac{(l-x)^2 x^2}{l} \qquad (4-17)$$

式中 E——弹性模量；

  I——惯性矩。

按式（4-17）算出工件各点的位移量表明，工件两头小，中间大，呈腰鼓形。

综合以上分析，在一般情况下工艺系统的总位移量应为上述两种情况位移量叠加，即

$$y_{系统} = F_p\left[\frac{1}{k_{刀架}} + \frac{1}{k_{头座}}\left(\frac{l-x}{l}\right)^2 + \frac{1}{k_{尾座}}\left(\frac{x}{l}\right)^2 \frac{(l-x)^2 x^2}{3EIl}\right] \quad （mm）$$

故 $$k_{系统} = \frac{1}{\frac{1}{k_{刀架}} + \frac{1}{k_{头座}}\left(\frac{l-x}{l}\right)^2 + \frac{1}{k_{尾座}}\left(\frac{x}{l}\right)^2 \frac{(l-x)^2 x^2}{3EIl}} \quad （N/mm） \qquad (4-18)$$

由此可见，工艺系统的刚度随切削推力作用点的位置变化而变化，加工后的工件，各横截面的直径也不相同，可能造成锥形、鞍形、鼓形等形状误差。

（2）工艺系统刚度不变，由于切削力的变化而产生的形状误差——误差复映规律。

当工艺系统刚度不变时，若毛坯加工余量和材料硬度不均匀，则会引起切削

力 F_y 不断变化。切削厚度（或硬度大）的地方推力大，位移也大；切削层薄（或硬度小）的地方推力小，位移也小。这种位移量的变化就使毛坯（或上道工序）的误差反映在加工后的工件上了。这种现象，在车、铣、刨、磨等各种机械加工中都存在，称为误差复映规律。

例如，车削一个有椭圆形误差的毛坯。工作时，在工件一转范围，刀具切削深度不同，引起的位移量也不同，这就使毛坯的圆度误差复映到工件的已加工表面上。

在一般情况下，切削力 F_y 与主切削力 F_z 的关系为 $F_y = \lambda F_z$ ，故

$$F_y = \lambda C_{F_z} a f^{0.75} \qquad (4-19)$$

式中　λ——系数，$\lambda = \dfrac{F_y}{F_z}$ ，一般取 0.4；

$\quad\ C_{F_z}$——与工件材料和刀具角度有关的系数，可在有关手册查得；

$\quad\ a$——切削深度，mm；

$\quad\ f$——进给量，mm/r。

当切削深度分别为 a_1 和 a_2 时，推力分别为：

$$F_{y_1} = \lambda C_{F_{a_1}} f^{0.75} \qquad\qquad F_{y_2} = \lambda C_{F_{a_2}} f^{0.75}$$

由此产生的工艺系统位移量分别为

$$y_1 = \frac{\lambda C_{F_y} a_1 f^{0.75}}{k_{系统}} \qquad\qquad y_2 = \frac{\lambda C_{F_z} a_2 f^{0.75}}{k_{系统}}$$

故得工件误差为

$$\Delta_{工件} = y_1 - y_2 = \frac{\lambda C_{F_z} f^{0.75} (a_1 - a_2)}{k_{系统}} \qquad (4-20)$$

由于毛坯误差 $\Delta_{毛坯} = a_1 - a_2$ ，再令 $\quad \varepsilon = \dfrac{\lambda C_{F_z} f^{0.75}}{k_{系统}} \qquad (4-21)$

故得

$$\Delta_{工件} = \varepsilon \Delta_{毛坯} \qquad (mm) \qquad (4-22)$$

式中，ε（<1）称为误差复映系数。

公式（4-22）说明，毛坯（或上道工序）的误差要复映到加工后的工件上，复映到工件上的误差总是小于毛坯（或上道工序）的误差；误差复映系数 ε 的大小，反映误差复映的程度。

当第一次走刀后，工件误差仍然大于图纸的要求时，可进行第二次、第三次以至若干次走刀。由于各次走刀后的工件误差为

$\Delta_{工件_1} = \varepsilon_1 \Delta_{毛坯}$

$\Delta_{工件_2} = \varepsilon_2 \Delta_{工件_1}$

$\Delta_{工件_3} = \varepsilon_3 \Delta_{工件_2}$

……

$$\Delta_{\text{工件}n} = \varepsilon_n \Delta_{\text{工件}n-1}$$

所以，最后一次走刀的工件误差为：

$$\Delta_{\text{工件}n} = \varepsilon_1 \varepsilon_2 \varepsilon_3 \cdots \varepsilon_n \Delta_{\text{毛坯}} \qquad (4-23)$$

式中，各次走刀的误差复映系数 ε_1，ε_2，$\varepsilon_3 \cdots \varepsilon_n$ 都小于1，故多次走刀后的总误差复映系数 $\varepsilon_{\text{总}} = \varepsilon_1 \varepsilon_2 \varepsilon_3 \cdots \varepsilon_n$ 将会降到很小的数值，最后总可以使工件的误差降低到图纸要求的公差范围以内。

由式（4-21）可知，进给量 f 越小，则 ε 越小。所以，粗车、半精车、精车的误差复映系数依次递减，且加工误差的下降越往后越快；工艺系统的刚度 $k_{\text{系统}}$ 越大，则 ε 越小，误差复映也越小。例如一般车削加工，由于 $k_{\text{系统}}$ 越小，则误差复映系数 ε 越大，工件上误差复映就越明显。例如镗孔时刀杆较细，磨孔时磨杆较细，车丝杠时工件细长，由于系统刚度差，故误差复映明显，这就需要经过多次走刀，才能把毛坯带来的误差消除到符合要求的程度。

在批量生产中常采用定距切削法加工，如果毛坯尺寸不均匀，即一批毛坯的加工余量不一致，由于误差复映，将使加工后的这批零件尺寸不一致，即尺寸分散。为了使工件的尺寸分散不超出公差范围，有必要查明误差复映的大小，并对毛坯误差或前工序的尺寸公差进行控制。

误差复映规律表明，一个要求较高的工件表面，必须经过多次走刀或多个工序的加工，才能逐步消除毛坯带来的误差，从而达到较高的加工精度。这就是机械加工过程的"渐精"概念。因此，对于高精度的表面加工，往往要经过粗加工、半精加工、精加工、精整或光整加工等几个阶段，最后才能达到高精度的要求。

（3）传动力、惯性力、重力和其他作用力的影响。

这些力产生变化将会引起工艺系统某些环节受力变形发生变化，从而造成加工误差。分述如下：

①由于传动力变化而引起的加工误差。例如，用单爪拨盘带动工件时，传动力 F_a 在拨盘的每一转中不断改变方向，有时与切削力 F_y 方向相同，有时则相反，因而引起工艺系统有关环节受力变形的变化（主要有前顶尖），使工件产生圆度误差。

这种误差可采用双爪拨盘消除。

②由于惯性力变化而引起的误差。高速切削时，若工件不平衡，会产生较大的离心力。此离心力在工件每转中不断改变方向，有时与推力 F_y 同向，有时则反向。若离心力 Q 正好与推力 F_y 反向，把工件推向刀具，则增加了实际切深；若离心力 Q 正好与 F_y 同向，把工件推离刀具，则减少了实际切深，结果工件产生圆度误差。

③由夹紧力引起的误差。工件刚度较差时，若夹紧方法不当，常引起零件加工后的形状误差。例如用三爪卡盘夹持薄壁套筒镗孔，工件夹紧后内、外圆变形

呈三棱圆；镗孔成正圆松开卡爪后工件因弹性复原孔又变成三棱圆。

又例如在平面磨床上磨薄片工件，由于工件翘曲，在磁力工作台上吸紧时产生弹性变形；磨平取下后，由于弹性恢复，已磨平的工件又产生了翘曲。改进的方法是在工件和磁力工作台之间，垫入很薄一层橡皮（0.5mm以下）或纸，当吸紧工件时，橡皮垫被压缩，使工件变形量减少以利于将翘曲部分磨去。如此多次反复磨削，就能得到较平整的平面。

重力对零件加工精度的影响。例如龙门铣床，其横梁在两个铣头重力的作用下，随横向进给使横梁受力变形不断改变，从而严重影响了加工表面的形状精度。

再如细长工件在自重作用下会产生弯曲变形，影响加工精度。

3. 减少工艺系统受力变形的途径

根据生产经验，减少工艺系统受力变形的途径可归纳为以下几个方面：

（1）提高配合面的接触刚度。

由于部件的刚度大大低于相同外形尺寸的实体零件的刚度，所以提高接触刚度是提高工艺系统刚度的关键。提高各零件接合表面的几何形状精度和降低粗糙度，就能提高接触刚度。

提高机床导轨面的刮研质量、提高顶尖锥体与主轴和尾座锥孔的接触面质量、多次修研工件中心孔等，都是实际生产中为提高接触刚度经常采用的工艺措施。

生产实践证明，合理调整和使用机床可以增加接触刚度。如正确调整镶条和使用锁紧机构，便可取得良好效果。

（2）设置辅助支承或减少悬伸长度以提高工件刚度。

例如车细长轴时采用中心架和跟刀架；工件在卡盘上悬伸太长时可加后顶尖支承；用卡盘安装工件时尽量减少伸长度；等等。

（3）提高刀具刚度。

欲提高刀具刚度，可在刀具材料、结构和热处理方面采取措施。例如采用硬质合金钢刀杆和淬硬刀杆以增加刚度。可能时增加刀具外形尺寸刀很有效。

（4）采用合理的安装方法和加工方法。

例如，在卧式铣床上铣一个角形零件的端面，如果将工件倒放，改用端铣刀加工，则工艺系统刚度提高。

4.3.4　工艺系统的热变形

工艺系统受热后，会使各部分温度上升，产生变形，即工件体积增加，如直径为$\phi 50$mm的工件，温度上升5℃直径将增加3～5μm，使切削深度加大，改变了刀具尺寸，改变了工艺系统各组成部分之间的相对位置，破坏了刀具与工件相对运动的正确性。因此，工艺系统的热变形会引起加工误差。据统计，在精密加工中，由于热变形引起的加工误差约占总加工误差的40%～70%。

热变形不仅严重地降低了加工精度，而且还影响生产效率。这是因为，为了避免热变形的影响，往往在工作前要使机床空转或在工作过程中进行调整，这就要浪费许多工时；有时由于机床局部温升过高，还不得不暂停工作。

控制工艺系统的热变形，是机械加工的重要课题。

1. 引起工艺系统变形的热源

引起工艺系统热变形的热源有两大类：一是内热源，包括运动摩擦热和切削热；二是外热源，包括环境温度和辐射热。

（1）运动摩擦热。

机床的各种运动副，如轴与轴承、齿轮与齿轮、溜板与导轨、丝杆与螺母、摩擦离合器等，它们在相对运动中将产生一定程度的摩擦并转化为摩擦热。

动力能源的能量消耗也有部分转化为热能，如电动机、油马达、液压系统和冷却系统等工作时所产生的热。

（2）切削热。

车削时，大量切削热被切屑带走，切削速度越高，切削带走的热量占总切削热的百分比越大，传给工件的热量只占切削热的 10%～30%，传给刀具的热量不大于 5%。

铣、刨加工时，传给工件的热量一般在 30% 以下。钻、镗孔时，大量切屑留在孔内，故传给工件的热量约占 50% 以上。而磨削时，84% 的热量传给工件，磨削区温度有时高达 800～1 000℃。

（3）环境温度的影响。

周围环境温度随四季气温和昼夜温度的变化而变化，局部室温差、热风、冷风、空气对流，都会使工艺系统的温度发生变化。

（4）辐射热。

靠近窗口的机床，常单面或局部受阳光辐射，靠近采暖设备的机床，也是单面或局部受热，于是直接受辐射的部分和未受辐射的部分出现温差，从而导致机床变形。照明灯和人体热量的辐射，在精密加工的恒温工房里也是不可忽视的。

2. 机床热变形及其对加工精度的影响

机床质量大，受热后一般温度上升缓慢，且温升不高。但由于热量分布不均匀和结构复杂，造成机床各部分的温度也不均匀，即有较大的温差出现。因而机床各部分的变形出现差异，使零部件之间的相对位置发生变化，丧失了机床原有的精度。故机床上出现温差是造成机床热变形、产生加工误差的主要原因。

例如，C620－1 型车床，主轴在 16.8℃ 下，以 $n = 1\ 200$ r/min 的转速运转 6 小时，实际测得的温度升高值的分布情况如下：①由于热源来自主轴箱，床身左面温度高于右面，床面温度高于床脚，特别是床面与床脚温差很大（14℃），这就导致床面膨胀量远大于床脚膨胀量，左面膨胀大于右面膨胀，因而床面凸起，使主轴轴线位置由 a 变到 b；②由于主轴箱温度高，膨胀变形后使主轴轴线由 b

上升到 c；③前轴承比后轴承温度高 9℃，故前轴承变形升高量大于后轴承升高量，致使主轴进一步倾斜。

一般机床受热升温的过程是：开始工作时温度逐渐上升，经过一段时间后温度接近一个稳定值，此时热量的传入和传出达到平衡，温度不再随时间变化，这种现象称为热平衡。当机床停车后，各点温度将以更为缓慢的速度逐渐下降。与加热阶段一样，冷却过程的温度也是不稳定的，因而变形也是不稳定的。

3．刀具热变形对加工精度的影响

刀具热变形的主要热源是切削热。虽然切削热传入刀具的比重很小，但刀具体积小，热容量小，因而具有较高的温度，并会因热伸长造成加工误差。

一般情况下刀具工作是间断的（特别是铣刀），有短暂的冷却时间，因而对加工精度影响很小。在加工大型零件时，例如在车长轴或在立车上加工大直径的平面，由于刀具在长时间的切削过程中逐渐膨胀，往往造成几何形状误差，前者造成锥形误差，后者造成平面度误差。但由于刀具的磨损能互相补偿一些，故对加工精度的影响有时也不甚显著。

对于定尺寸刀具和成形刀具，一般都在充分冷却下工作，故热变形不大。但冷却不充分时则会影响零件的尺寸和形状精度。

在采用定距切削法加工一批零件时，开始一段时间加工的零件尺寸有变化（外圆直径逐渐减少，内孔直径逐渐增大），当刀具达到热平衡后，工件尺寸就只在微小范围内变动。

综上所述，通常刀具热变形对加工精度影响不大。

4．工件热变形对加工精度的影响

在切削加工过程中，工件主要受切削热的影响产生变形。若在工件热膨胀的条件下达到了规定尺寸，则冷却收缩后尺寸将变小，甚至超差。

工件热变形有两种情况：一种是比较均匀的受热，如车、镗、圆磨等加工方法；一种是不均匀的受热，如平面的刨、铣、磨加工。对于均匀受热的工件，一般情况下它主要影响尺寸精度。例如，磨精密丝杠时，工件受热伸长，磨完后冷却收缩就会出现螺距累积误差。据研究，被磨丝杠因热升温，若与机床母丝杠出现 1℃ 温差时，400mm 长的丝杠要出现 $4.4\mu m$ 的螺距累积误差。而旧 5 级精度的丝杠、400mm 内螺距累积误差的公差为 $6.5\mu m$，显然这种热变形造成的误差不可忽视。对于不均匀受热的工件，如磨平面，工件单面受热，上下表面形成温差而变形，从而影响工件的几何形状精度。床身磨削时的受热变形就是例子，导轨面因热而中部凸处被多磨，冷却后中部呈凹形。

5．控制热变形的主要途径

（1）隔热和减少热量的产生。

由于内热源是影响机床热变形的主要热源，因此，凡是可以从主机分离出去的热源，如电机、变速箱、液压装置和油箱等，应尽可能放置在机床外部。对不能分离出去的热源，如主轴轴承、丝杠副、摩擦离合器和高速运动导轨等，则可采取隔热、改进结构和加强润滑等方法。

对于 T4163B 单柱坐标镗床，应用隔热罩将主电机和变速箱封闭起来，通过电机上的风扇将热风强制排出机外，从而解决了机床立柱受热变形的问题，使主轴轴线由横向热位移 $42\mu m$ 降低至 $8\mu m$。

在切削过程中，切屑落在工作台、溜板、床面以及夹具和工件上，是工艺系统产生热变形的不可忽视的问题。对此，除采用冷却液外，可在工作台等处装上隔热塑料板，并将切屑及时清除掉。

在机床结构上采用静压轴承、滚珠丝杠、滚柱导轨等先进技术，有利于减少摩擦热的产生。采用低黏度润滑油、锂基油脂或油雾润滑等，也有利于降低主轴、导轨和丝杠副的温度。

加工过程中，保持刀具和砂轮锋利，正确选择切削用量，是减少切削热产生的重要方面。

（2）强制冷却控制温升。

要完全消除内热源发出的热量是不可能的，为此可采取强制冷却的办法。

例如，数控机床和加工中心机床，普遍采用冷冻机润滑油进行强制冷却。机床内的润滑油被当作冷却剂使用，将主轴轴承和齿轮箱中产生的热由润滑油吸收带走。

又例如，在 S7450 型螺纹磨床上，为了保证被磨丝杠温度稳定，采用恒温的切削液对工件进行淋浴。机床的空心母丝杠则通入恒温油以保证加工精度的稳定。

（3）均衡温度。

均衡机床各部分温度，减少温差，是降低工艺系统热变形的又一个办法。

在平面磨床上，采用热空气加热温升较低的立柱后壁，以均衡立柱前后壁的温度，这样可以显著地降低立柱的弯曲变形。

M7150A 平面磨床，利用带有余热的回油流经床身下部，使床身下部温度提高，借补偿床身上部导轨的摩擦热，减少上下温差。回油用油泵强制循环。采用这一措施后，床身上下温差仅有 $1 \sim 2℃$，导轨中凹量由未采取措施前的 $0.265mm$ 下降为 $0.05mm$。

（4）控制温度变化。

在热的影响中，比较棘手的问题在于温度变化不定。若能保持温度稳定，即使热变形产生了加工误差，也容易设法补偿。

对于环境温度的变化，一般是将精密设备（如螺纹磨床、齿轮磨床、坐标镗床等）安置在恒温房内工作。恒温的精度一般取 $\pm1℃$，精度高的取 $\pm0.5℃$。

精加工前先让机床空转一段时间，待机床达到或接近热平衡后，变形趋于稳定，然后加工。这也是解决温度变化不定，保证加工精度的一项措施。

（5）采取补偿措施。

当热变形不可避免时，可采用补偿措施以消除其对加工精度的影响。

例如精磨床身导轨时，导轨因热变形，中部被磨去较多金属，冷却后中部下凹。为了减少此种变形的影响，可采取使床身向相反方向预先变形进行补偿的办法。如磨前用螺钉压板将工件压成中凹，或在前道工序预先将工件加工成中凹，加工时中部只能磨去较少金属，使热变形造成的误差得到补偿。

又如，为了解决 MB7650 双端面磨床主轴热伸长的问题，采用了补偿机构，即在轴承与壳体间增设一个过渡套筒，此套筒与壳体仅在前端接触而后端不接触。当主轴因发热而向前伸长时，套筒则向后伸长，并使整个主轴也向后移动，自动补偿了主轴向前伸长，消除了主轴热变形对加工精度的影响。

4.3.5　工件内应力引起的变形

1. 内应力的概念和影响

零件在没有外加载荷或其他外界因素作用的情况下，其内部仍然存在的应力称为内应力，或残余应力。

具有内应力的工件始终处于一种不稳定状态，其内部组织有一种强烈要求恢复到稳定的、没有内应力的状态的倾向。现分两种情况来讨论。

①在常温下，零件处于某种相对稳定状态，外表看不出明显变化，但实际上零件却在缓慢而不明显地不断变形，直到内应力消失为止。例如，刮研具有内应力的平板，已经刮得很平的表面，隔一段时期后检查，表面又有了翘曲；一些零件加工后存放一段时期会出现变形。这说明具有残余应力的零件，其尺寸、形状的稳定性差，时间长了会丧失原有的加工精度。若将这种零件装入机器，由于使用中产生变形，可能破坏整台机器的质量。

②在零件受力、受热、受震动或破坏其原有结构时，其相对平衡和稳定的状态被破坏，内应力将重新分布，以求达到新的相对平衡。在内应力重新分布的过程中，零件将产生相应的变形，有时甚至是急剧的变形。

2. 产生内应力的原因

残余应力是由于金属内部相邻的宏观或微观组织发生不均匀的体积变化引起的。这种变化来源于热加工，也来源于冷加工。

（1）毛坯制造过程中产生的内应力。

在铸、锻、热轧、焊接等毛坯热加工过程中，由于毛坯各部分厚度不均匀，冷却速度和收缩程度不一致，因而各部分互相牵制，使毛坯内部产生了较大的残余应力。

壁厚不均匀的铸件毛坯，在浇铸后冷却时，由于壁1和壁2比较薄，容易散热，故冷却较快。壁3比较厚，所以冷却较慢。当壁1、壁2从塑性状态冷却到弹性状态时（约620℃），壁3也冷却到弹性状态时，壁1、壁2的温度已下降很多而接近于室温，固态收缩基本结束，因而将阻碍壁 3 进一步固态收缩。结果使壁 3 受到拉应力，壁 1、壁 2 受到压应力，相互间可取得暂时的平衡。如果在铸件的壁 1 上开个口，则壁 1 上的压应力消失。铸件在壁 3 和壁 2 的残余应力作用下，壁 3 收缩，壁 2 伸长，铸件产生弯曲变形，直到内应力达到新的平衡状态为止。如图 4 - 9 所示。

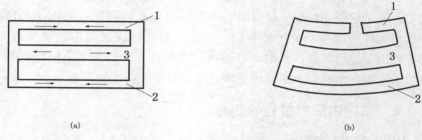

图 4 - 9　铸件残余应力引起的变形

对床身铸件浇铸冷却时，由于上下表层冷却快，中间部分冷却慢，这就使床面表层和床身底座产生压应力。当对导轨表面粗刨一层金属后，由于引起残余应力重新分布，工件产生弯曲变形。

以上两例，既说明毛坯存在着残余应力，也说明具有内应力的工件，若破坏其原有结构（如切去表层金属），将引起内应力重新分布而产生急剧变形。

（2）热处理产生的内应力。

热处理过程中，当工件冷却时，各部分的冷却速度和收缩不一致，于是在工件内部造成残余应力（称热应力）。而当金属的金相组织发生转变时（如奥氏体转变为马氏体），体积要膨胀，但各部分在转变时间上不一致，因而膨胀量也不一致，这也会造成工件的内应力（称为组织应力）。

（3）机械加工产生的内应力。

切削加工时，工件表层在切削力和切削热的作用下，由于各部分塑性变形程度不同，以及金相组织变化的作用，也将产生内应力。

①工件在刀具刃口圆角的挤压下，表层组织产生塑性变形、晶格扭曲，金属密度下降（疏松），体积增大，但由于受基体金属的限制，于是表层产生压应力，靠近表层未变形的基体则产生拉应力。已加工表面还受刀具后面的摩擦而拉伸，也因受基体金属的限制，表层产生压应力，里层产生拉应力。其深度在精加工时为十分之几毫米，粗加工时可达 1.5～2mm。

②切削热使工件表层受热膨胀，也由于受里层金属限制而产生应力，若表层的压应力超过材料弹性极限，则温度降至常温后形成内应力。

③磨削加工中，有时表层的局部高温会引起金相组织转变，从而产生内应力。

（4）冷校直带来的内应力。

细长轴和丝杠等刚度差的工件，为了减少轴线弯曲，常在工艺过程中进行冷校直。冷校后的工件，直线度误差减少了，但却产生了内应力。工件在校直力 F 的作用下，轴线上部产生压应力，用"－"表示；轴线下部产生拉应力，用"＋"表示。中心区（虚线内）由于应力小，只产生弹性变形；外部层（虚线外）由于应力大于材料的弹性极限，产生塑性变形。当外力去除后，中心部分的弹性变形本来可以全部恢复原状，但受外部塑性变形层的限制恢复不了，于是里外层相互牵制，形成了新的应力分布。

3．减少和消除内应力的措施

对于精度要求较高或易于变形的零件，必须消除内应力，以稳定加工精度。具体措施有：

①在铸、锻、焊毛坯制造后，采用时效或退火处理，以消除毛坯制造时造成的内应力。

②对于精度较高、形状较为复杂的零件，应将粗、精加工分开。这样可使粗加工后，内应力因结构变化而重新分布引起的变形，有充分时间表现出来，并被精加工修正，从而避免了内应力对零件精度的影响。对于不便划分粗、精加工阶段的大型工件，可在粗加工后，将夹紧在机床或夹具上的工件松开，使内应力自由地重新分布，充分变形，然后再轻夹或轻压好工件进行精加工。

③对于精密零件，单靠粗、精加工分开还不足以彻底消除内应力的影响，通常还必须在粗加工至精加工之间进行多次时效处理，以消除各阶段切削加工造成的内应力。

将中小型铸件放在滚筒内清砂，在它们相互撞击的过程中，也可达到消除内应力的目的。

④精密零件在加工过程中严禁冷校直，改用加热校直。

4.4　保证和提高加工精度的途径

保证和提高加工精度的主要方法有：直接消除或减少原始误差，补偿或抵消原始误差，转移变形和转移误差，误差分组，"就地加工"达到最终精度，误差平均等方法。

4.4.1　直接消除或减少原始误差

直接消除或减少原始误差这种方法应用很广。它首先要对具体的加工误差进行仔细调查分析，查明造成加工误差的主要原始误差，而后采取针对性的措施，直接消除或减少这种原始误差，提高加工精度。

例如，磨削精密薄片零件时，常出现两端面平面度误差较大的问题。经查明夹紧是造成误差的主要原因，于是采取垫薄橡皮或纸等方法，使工件在自由状态下得到了固定，消除或减少了夹紧变形，因而加工质量得到改善。

一般地说，精密零件加工，主要应尽量减少工件在加工时的受力变形。对成形表面零件的加工则主要是如何减少成形刀具的形状误差和刀具的安装误差。

4.4.2 补偿或抵消原始误差

有时虽然找到了影响加工精度的主要原始误差，但却不允许采取直接消除或减少的方法（代价太高或时间太长），而需要采用补偿或抵消原始误差的方法。

1. 误差补偿的方法

误差补偿的方法即人为地制造一个大小相等、方向相反的误差去补偿原始误差。

例如，龙门铣床的横梁，两个铣头因重力产生向下弯曲变形，严重影响了加工表面的形状精度。若用加强机床横梁刚度和减轻铣头重量的方法去消除或减少原始误差，显然是有困难的。此时可将横梁导轨故意刮成向上凸的误差，以补偿铣头重力引起的向下垂的变形。

又例如，用校正机构提高丝杠车床的传动精度。由于丝杠车床存在着传动链误差，当被加工丝杠的精度要求很高时，往往造成螺距超差，在生产中广泛采用误差补偿的原理来解决这一难题。采用校正装置根据实测工件的螺距误差，将校正尺做成相应的曲线，工作时通过与螺母相连的摆杆，由校正尺曲线的高低变化给螺母一附加转动，达到误差补偿的目的。当工件螺距误差为负时，校正尺的对应曲线正好上升，给螺母一个正转的加运动，因而走刀加快，使螺距加大一些；当工件螺距误差为正时，校正尺正好下降，使螺母反转少许，因而走刀减慢、螺距减少一些。这样就补偿了机床的传动链误差，提高了螺距加工精度。

2. 误差抵消的方法

误差抵消是利用这部分原始误差去抵消或部分抵消另一部分原始误差的方法。

例如，车细长轴时，常因切削推力 F 的作用造成工件弯曲变形。若采用前后刀架，使两把车刀一粗一精相对车削，就能使推力相互抵消一大部分，从而减少工件变形和加工误差。

又例如，镗孔时常因刀杆受力变形，使被加工孔产生锥形。若采用对称刃口的镗刀块加工，则刀杆在相对方向上的受力变形抵消，使镗孔精度提高。

误差补偿法与误差抵消法虽有区别，但无本质的不同，故生产中统称为误差补偿。

4.4.3 转移变形和转移误差

工艺系统的原始误差，可以在一定条件下转移到误差的非敏感方向，或不影响加工精度的方向上去。这样，在不减少原始误差的情况下，仍然可以获得较高的加工精度。

1. 转移变形

例如，将龙门铣床上铣头重力引起的横梁弯曲变形和扭曲变形转移到附加梁上，而附加梁的受力变形对加工精度毫无影响。

2. 转移误差

例如，六角车床的回转头，其转位很难没有误差。在用定距法加工成批工件的内孔时，此误差将直接影响内孔精度。若将刀具在垂直面内安装（或称立刀安装），则回转头的转位误差 Δ 由径向转到 y 向，而 Δ 在 y 向只相当于刀尖高低的变动，由 4.3 可知，它对内孔直径的影响极小。根据这个思路，在车床上将车刀"立装"，也能把四方刀架的转位误差转移掉，从而减少镗孔报废。

又例如，成批生产中，当机床精度达不到加工精度要求时，常采用专用夹具加工。此时工件的加工精度靠夹具保证，机床的原始误差则被转移到不影响加工精度的方向去了。

转移变形和转移误差实质上没有什么区别，前者转移的是工艺系统受力或受热变形，后者转移的是工艺系统的几何误差，即转移的都是原始误差，故亦称转移原始误差法。

4.4.4　误差分组

为了提高一批零件的加工精度，有时可采取分化原始误差的方法，即将原始误差分组处理，从而提高零件加工精度。

在用定距切削法加工一批工件时，若上道工序（或毛坯）的尺寸和形状变化范围过大，则会由于"误差复映"或定位误差的增大而在本工序造成较大的加工误差。此时可采取分组调整的方法，把上工序工件（或毛坯）按误差大小分为 n 组，则每个工件的原始误差就缩小为原来的 $1/n$。然后按组调整刀具相对于工件的位置，使各组工件加工的尺寸分散中心基本一致，那么整批工件的尺寸分散就比分组调整前小得多了。

例 4-1　用无心磨床贯穿一批小轴的外圆，若各工件余量不均匀，则磨后尺寸分散范围过大。根据误差复映规律，在同一机床调整的情况下，磨前余量大的工件磨后尺寸较大，磨前余量小的工件磨后尺寸亦小。若对磨前工件进行测量后按余量大小分为 4 组，则分组后各组余量变化范围缩减为原来的 1/4。然后按各组工件的实际余量范围，相应地调整砂轮与导轮的距离，可使这批小轴加工的尺寸分散范围大大缩小。

例 4-2　在 V 形块上铣轴上平面，要求保证尺寸 h（公差 $T_h = 0.02\,\text{mm}$）。由于毛坯采用精锻工艺，用作定位基准的大外圆不需进行机械加工，其尺寸公差 $T_D = 0.05\,\text{mm}$。按《夹具设计》公式，定位误差是

$$\Delta h = \frac{T_D}{2\sin\dfrac{\partial}{2}} = \frac{T_D}{2 \times \dfrac{1}{\sqrt{2}}} = 0.707 T_D = 0.035\ \text{mm}$$

这说明毛坯尺寸误差引起的定位误差已超过了公差要求。为此将毛坯按误差

分组如表 4-1。

表 4-1

分组数	各组误差范围 T_D /mm	定位误差 Δh /mm	定位误差占公差的百分比
2	0.0250	0.0177	88.5
3	0.0167	0.0118	60
4	0.0125	0.0088	44

由此可见，本例分组数以 3 或 4 组为宜。

例 4-3 精加工齿轮的齿形时，为了保证齿圈与内孔同轴，必须严格限制心轴与工件内孔的配合间隙。设工件孔为 $\phi25$ H6（$_0^{+0.013}$），可将工件按实际孔径分组，各组配以相应尺寸的心轴，就能大大减少配合间隙，从而提高齿轮加工精度。具体数据如表 4-2。

表 4-2

分组号	工件孔径/mm	配合心轴直径/mm	配合间隙/mm
1	25.000 ～ 25.004	25.002	±0.022
2	25.004 ～ 25.008	25.006	±0.002
3	25.008 ～ 25.013	25.011	+0.002
			-0.003

4.4.5 "就地加工" 达到最终精度

机械制造中，有些精度问题涉及许多零部件的相互关系。一般的概念是：若装配精度高，必须保证和提高零部件的加工精度。这种只着眼于零部件加工精度的方法，有时不一定很有利。

"就地加工"的要点是：要保证部件间什么样的位置关系，就在这样的位置关系上，用一个部件装上刀具去加工另一个部件，这是一种达到最终精度的简捷方法。

例如在六角车床的制造中，转塔上有六个安装刀架的大孔，其轴线必须与车床主轴回转轴线重合，六孔的端面又必须与主轴轴线垂直。如果将转塔单独加工后再装配，要达到上述要求是很困难的。采用"就地加工"的办法是：转塔各表面在装配前不进行精加工，待转塔装在车床上以后，再在主轴上装上镗刀杆，使镗刀旋转，转塔做纵向进给，依次精镗六孔。然后换上自动进给径向刀架，依次精加工各孔和端平面。由于转塔上六孔及其端平面是依靠主轴回转轴线加工而成的，故两者间的同轴度和垂直度能得到很好的保证。

又例如车削精密丝杠时，为了保证丝杠加工精度，要求床头顶尖、跟刀架导套内孔和尾架顶尖三点必须达到不超过 $2\mu m$ 的同轴度。工厂的经验是：将床头顶尖装在主轴上，"就地"磨削；尾架则采用刮研垫板的方法；对跟刀架导套内孔，采用"就地"镗削。这样就可有效地保证三点同轴度的要求。在生产现场中，还经常看到在机床上"就地"修整花盘和卡盘平面的平直度、修整卡爪的同轴度，在机床上"就地"修整夹具的定位面，等等。

4.4.6　误差平均法

误差平均法亦称均化原始误差法。均化原始误差的过程，就是通过加工，使被加工表面的原始误差不断缩小和平均化的过程。

例如，精密内孔的研磨，是利用工件表面与研具表面间复杂的相对运动进行的。加工时，研磨面上的各个点，理论上均可获得相互接触和干涉的概率，但是，实际接触和干涉到的却只是某瞬间的一批"高点"（误差最大点）。于是，这些高点间相互进行微量切削，使高点与低点的差距减少，接触面积随之逐步增大，即误差逐步减少和趋于平均化，最后达到很高的形状精度和很低的表面粗糙度。

又例如高精度标准平板的刮研。它是通过三块一组的平板，相互按一定次序进行涂色，推研出接触高点（误差最大点），而后刮去高点的过程，从而使高低不平处逐渐接近，平面的误差逐渐均化和减少，最后，平板的平面度可达几微米。这样高的平面精度，即使在今天也没有一台机床能够直接加工出来，还必须依靠"三块平板合研"的"误差平均法"才能刮研出来。

由此可见，均化原始误差的实质是：利用有密切联系的表面相互比较和检查，从对比中找出差异后，或者相互修正（如配偶件的对研），或者互为基准进行加工。所谓有密切联系的表面有三种类型：一种是配偶件表面，如配对的精密内孔和轴颈、精密丝杠和螺母研具等；一种是成套件的表面，如三块一组的原始平板、标准平尺等；还有一种是零件本身互有牵连的表面，如分度盘的各个分度槽。前两种类型，已在前面的两例中讲到。对于第三种类型，现以精密分度盘的最终精磨来说明是如何在对比中互为基准进行加工，最后达到均化误差，获得等分性很高的分度盘的。

精密分度盘的最终精磨过程，是先调整定位基准与砂轮之间的角度位置。由于原始误差较大，故对各槽顺次磨完一遍后，再磨第一槽进，不是没有余量就是余量过大。最后通过微调定位基准的位置，直到每个分度槽都能磨到，且只听到砂轮与工件的接触声却无磨削火花时，则说明调整得极为精确，可获得等分精度很高的分度盘。

任务五　常用加工方法

请你思考：

你知道哪些常用的机械加工方法？

你知道每种加工方法的工艺特点和应用范围是什么？

一起来学：

➡ 车削的工艺特点及应用。

➡ 钻削和镗削的工艺特点及应用。

➡ 铣削的工艺特点及应用。

➡ 刨、插和拉削的工艺特点及应用。

➡ 磨削的工艺特点及应用。

➡ 电火花线切割加工的工艺特点及应用。

➡ 数控机床与数控加工的工艺特点及应用。

➡ 电火花加工的工艺特点及应用。

➡ 电解加工的工艺特点及应用。

➡ 电解磨削的工艺特点及应用。

➡ 超声波加工的工艺特点及应用。

➡ 激光加工的工艺特点及应用。

5.1　车削的工艺特点及应用

车削是加工零件回转表面的主要方法。因回转表面是零件最常用的基本表面之一，所以车削加工较其他加工方法应用得更加普遍。为了满足加工的需要，车床类型较多，主要有卧式车床、立式车床、转塔车床、自动车床和数控车床等。

5.1.1　车削加工的工艺特点

1. 易于保证被加工零件各表面的位置精度

车削加工适于加工各种轴类、盘类、套类零件。一般短轴类或盘类零件利用卡盘装夹，长轴类零件可利用中心孔装夹在前后顶尖之间，而套类零件，通常安装在心轴上。当在一次装夹中，对各外圆表面进行加工时，能保证同轴度要求。调整车床的横拖板导轨与主轴回转轴线垂直时，在一次装夹中车出的断面，还能保证与轴线垂直。

形状不规则的零件，为了保证位置精度要求可以利用花盘装夹，或利用花盘和弯板装夹。例如用花盘装夹被加工的弯管，为保证弯管 A 面与 B 面垂直，可将它安装在花盘弯板上，车削 A 面（图 5 - 1）。

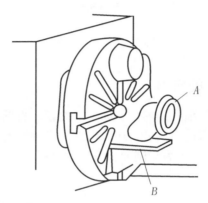

图 5 - 1　用花盘和弯板装夹工件

2. 适于有色金属零件的精加工

有色金属若要求较高的精度和较小的粗糙度时，可在车床上用金刚石车刀，采用小的切深（$a_p < 0.15$）和进给量（$f \approx 0.1\text{mm/r}$）及很高的切削速度（$\nu_c \approx 5\text{m/s}$），进行精细车削，精度可达 IT6～IT5，粗糙度 R_a 为 0.8～0.1 μm。

3. 切削过程比较平稳

除了车削断续表面之外，一般情况下车削过程是连续进行的，并且切削面积不变（不考虑毛坯余量不均匀），所以切削力变化小，切削过程平稳。又由于车削的主运动为回转运动，避免了惯性力和冲击力的影响，所以车削允许采用较大的切削用量，进行高速切削或强力切削。这有利于其生产效率的提高。

4. 刀具简单使用灵活

车刀是各类刀具中最简单的一种，制造、刃磨和装夹均较方便，这就便于根据加工要求，选用合理的角度，有利于提高加工质量和生产效率。

5. 加工的万能性好

车床上通常采用顶尖、三爪卡盘和四爪卡盘等安装工件。车床上还可安装一些附件来支承和装夹工件，从而扩大车削的工艺范围。

车削细长轴时，为减少工件受径向切削力的作用而产生变形，可采用跟刀架或中心架，作为辅助支承。尺寸小的轴销类零件，可用弹簧夹头装夹（图 5 - 2）。弹簧夹头装夹迅速，且能自动定心。不对称或形状复杂的工件，通常采用花盘装夹（图5-1）。花盘的工作面上有长短不等的若干条径向导槽，利用弯板、角铁、压板、螺钉和垫铁等可将工件夹固在盘面上。

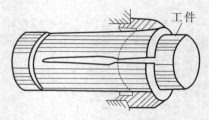

图5-2　弹簧夹头

5.1.2　车削加工的应用

车削常用来加工单一轴线的零件，如一般的盘、直轴和套类零件等。若改变工件的安装位置或将车床适当改装，还可以加工多轴线的零件（如曲轴、偏心轮等）或盘形凸轮。如图5-3为车削曲轴安装示意图。

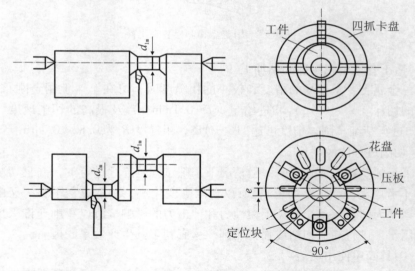

图5-3　车削曲轴

对单件小批量生产各种轴、盘、套类零件，多选用适用性广的卧式车床或数控车床。对直径大而长度短（长径比 $L/D \approx 0.3 \sim 0.8$）和重型零件，多选用立式车床。成批生产外形较复杂，且有内孔及螺纹的中小型轴、套类零件，可选用转塔车床进行加工。大批量生产简单形状的小型零件，可选用半自动或自动车床，以提高生产效率。但应注意这种加工方法精度较低。

5.2　钻削和镗削的工艺特点及应用

孔是零件的内表面，是零件常用的基本表面之一。钻孔是加工孔的基本方法之一，是在工件实体上加工孔，而镗孔、扩孔、铰孔是在原有孔的基础上加工孔径，提高加工精度的工艺方法。

钻、扩、铰孔使用的刀具是麻花钻、扩孔钻、铰刀，机床常为钻床，也可用车床。

5.2.1　钻削加工

在钻床上钻削加工时，刀具做旋转主运动，同时也做轴向进给运动，而工件是固定不动的。用钻头钻孔时，由于钻头结构和钻削条件的影响，致使加工精度不高，所以钻孔只是孔的一种粗加工方法，加工精度为 IT12，粗糙度 R_a 为 12.5μm。孔的半精加工和精加工须由扩孔和铰孔来完成（图 5-4）。

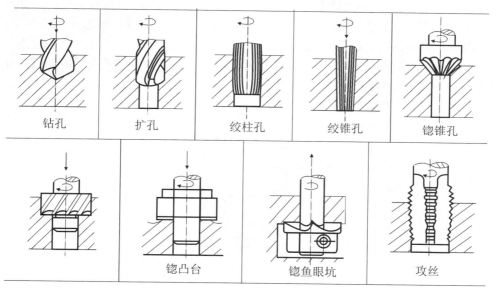

| 钻孔 | 扩孔 | 绞柱孔 | 绞锥孔 | 锪锥孔 |
| 锪凸台 | 锪鱼眼坑 | 攻丝 |

图 5-4　钻、扩、铰孔

1. 麻花钻的结构特点

钻孔时，常用的刀具是麻花钻，标准麻花钻由三部分组成，即柄部、颈部和工作部分，其结构如图 5-5 所示。

（1）柄部。是钻头的夹持部分，用来传递动力和扭矩。钻柄有直柄和锥柄两种形式。直径 12mm 以下的钻头通常做成直柄，传递的扭矩较小；直径大于 12mm 的钻头多为锥柄，锥柄一般采用莫氏 1～6 号锥度，可直接插入机床主轴的锥孔内，扁尾可增大传递的扭矩，避免钻头在主轴孔或钻套中的转动，且可通过扁尾方便拆卸钻头。

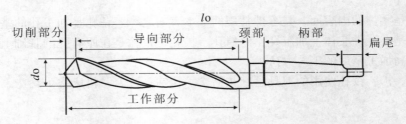

图 5-5　麻花钻的结构

（2）颈部。是工作部分与柄部的连接部分。供磨柄部时砂轮退刀用，也是钻头打标记的方法。直柄钻头因直径小，一般无颈部。

（3）工作部分。是钻头的主体，它由切削部分和导向部分组成。切削部分包括两个主切削刃、两个副切削刃和一个横刃（图 5-6），对称的主切削刃和副切削刃可看作是两把反向外圆车刀，因此有两个前刀面及两个主后刀面。导向部分有两条对称的螺旋槽，用来形成切削刃和前角，并起着排屑和输送冷却的作用。为了既减少摩擦面积又保持钻孔方向，螺旋外缘还做出两条狭窄的刃带（棱边），它的直径略带锥度，前大后小，在钻孔过程中，起着导向和修光孔壁的作用。导向部分又是钻头的备磨部分。

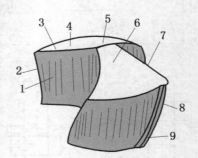

图 5-6　钻头的切削部分

1—棱边；2，8—副切削刃；3，6—主切削刃；4—横刃；5—主后刀面；7—刀尖；9—前刀面

钻头的几何角度可按照分析车刀几何角度的规则，并结合钻头本身的一些特性来进行分析。切削部分的主要角度如图 5-7 所示。

①前角。钻头主切削刃上任一点的前角是在主截面（O—O 截面）内测量的，是前刀面切线与切削平面之间的夹角。由于麻花钻的前面是一个螺旋面，因此沿主切削刃各点的前角是不同的。越靠近外径，前角越大，靠近横刃处则最小。横刃处的前角 $\gamma_横$ 为很大的负前角（$-60° \sim -54°$），使横刃处的切削条件很差。

②后角 α_θ。为了测量方便，后角用轴向截面（F—F截面）中后刀面的切线与切削平面间的夹角来表示。由于不同直径切削刃的工作条件不同，特别在横刃处的工作后角很小，切削时会使后刀面与工件间产生强烈摩擦和挤压。为改善这种情况，切削刃上各点的后角磨成不同的数值，使外圆处后角最小（$\alpha_\theta = 8° \sim 14°$），在靠近横刃近钻心处后角最大（$\alpha_\theta = 20° \sim 25°$），如图 5 – 7 所示。

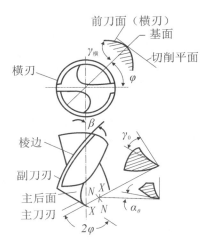

图 5 – 7　切削部分的主要角度

2. 麻花钻的几何角度

（1）顶角 2φ。它是两个主切削刃之间的夹角，一般取 $118°$。

（2）螺旋角 β。它是棱边的切线与钻头轴心线之间的夹角。螺旋角大，钻削容易，但钻头强度低。直径较小的钻头，β 值应小些。

（3）横刃斜角 φ。它是主切削刃与横刃在垂直钻头轴线平面内投影的夹角，一般为 $50° \sim 55°$。

3. 钻削过程

钻削加工一般是在钻床上进行的。钻削时钻头除做旋转主运动外，还沿着它的轴线做直线进给运动。钻削也可以在车床上进行，这时由工件旋转实现主运动，而钻头不转，仅做直线的进给运动。

钻削时的切削用量要素如图 5 – 8 所示。

（1）切削深度 a_p。在实体材料上钻孔时，$a_p = D/2$，式中 D 为钻头直径（mm）。

（2）进给量 f。是指钻头转一转时，轴向的移动距离（mm/r）。由于钻头有两个切削刃，所以每个切削刃的进给量 f_z 为 $f/2$。

（3）切削速度 v_c。它是以钻头最大直径处的圆周速度来计算的。即

$$v_c = \pi D n / 1000 \quad (\text{m/min})$$

式中　n——钻头或工件每分钟的转速。

4. 钻削的工艺特点

钻削加工时，钻头工作部分大都处在已加工表面的包围中，属半封闭式切削，再加上麻花钻本身结构的缺陷，切削条件较差。钻削加工有以下特点：

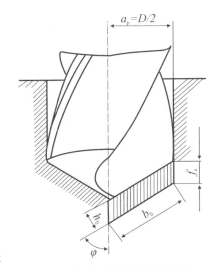

图 5 – 8　钻削时的切削用量要素

（1）由于麻花钻主切削刃上各点的切削速度是变化的，直径最大处主切削刃切削负荷集中，因此钻头在该点处磨损严重。

（2）由于横刃长，钻孔时定心条件差，钻头易摆动。钻头芯部尺寸小，刚性差。钻头只有两条很窄的棱边与孔壁接触，导向作用也比较差，在钻削力的作用下，钻头容易发生"引偏"，致使所钻孔的轴线歪斜或孔径扩大不圆等。

（3）主切削刃全部参加切削，主切削刃上各点的切屑流速相差较大，切屑卷成较宽的螺旋形，使排屑不顺，切屑易与孔壁发生较大的摩擦、挤压而拉毛和刮伤已加工表面，降低加工质量。大量高温切屑不能及时排出，而切削液又难以进入到切削区，切屑、刀具与工件之间的摩擦很大，因此切削温度很高，致使刀具磨损加剧，从而限制了切削速度和生产率的提高。有时切屑阻塞在钻头的排槽内，卡死钻头甚至将钻头扭断。

5. 麻花钻头的修磨

实践表明，对麻花钻进行合理的修磨，可提高其切削性能。群钻即是通过合理修磨麻花钻而得到的一种较先进的高效钻头，如图5-9所示。其特点是：

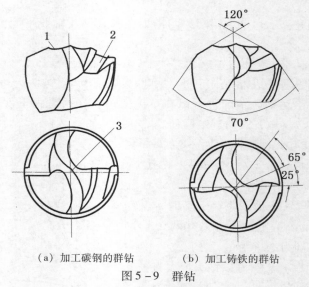

（a）加工碳钢的群钻　　　（b）加工铸铁的群钻

图5-9　群钻

1—凹圆弧；2—分屑槽；3—横刃

（1）在钻头主切削刃上磨出了凹圆弧，克服了横刃附近主切削刃上各点前角太小所引起的矛盾。

（2）把横刃磨到只有原来长度的1/5～1/7，减少了横刃的不利影响。

（3）对直径大于5mm的加工钢件的钻头，在刀刃的一边磨出分屑槽，把切屑分割，利于排屑。

（4）加工铸件的钻头不需磨分屑槽。为减少刀尖的磨损，可磨出双重顶角。

5.2.2　扩孔和铰孔

1. 扩孔

扩孔是用扩孔钻（图5-10）对工件上已有的孔进行加工（图5-11）。它可作为铰孔或磨孔前的预加工，也可以用来加工公差等级 IT11～IT10、粗糙度 R_a 为 6.3～3.2μm 的孔。

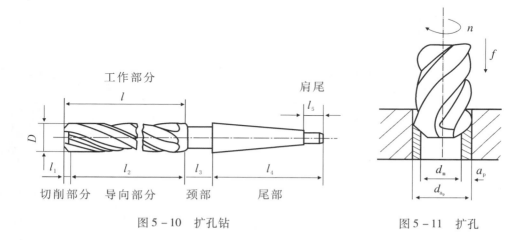

图5-10　扩孔钻　　　　　　　图5-11　扩孔

扩孔与钻孔相似，但因扩孔加工的切削深度比钻孔时小得多，因而刀具结构比钻头好。它有下列特点：

（1）切削刃不必自外圆延续到中心，没有横刃，避免了横刃对切削引起的一些不良影响。

（2）切深小，切屑窄且易排出，因此刀具容屑槽较浅，钻心较粗，刚性好，有利于加大切削用量和改善加工质量。

（3）扩孔钻有 3～4 个刀齿，导向性好，切削平稳。

由于以上特点，扩孔比钻孔质量好，生产率高。

2. 铰孔

铰孔是用铰刀对工件上粗加工过的孔进行精加工的方法，适用于精度较高的中、小孔的加工。

铰刀有手铰刀（图5-12（a））和机铰刀（图5-12（b））两种。手铰刀用于手工铰孔，尾部为直柄，工作部分较长；机铰刀多为锥柄，用于在钻床或车床上铰孔。铰刀由工作部分、颈部、柄部组成。工作部分分为切削部分和修光部分，切削部分呈锥形，担负主要切削工作，修光部分起校准孔径和修光孔壁的作用。

图5-13为铰孔加工示意图，铰孔的精度主要是由刀具的结构和精度来保证。

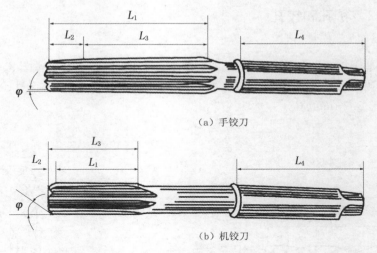

（a）手铰刀

（b）机铰刀

图 5 - 12　铰刀

铰孔有以下特点：铰刀切削刃数量多（6～12），芯部直径大，刚性及导向性好；它的修光部分可以校准孔径和修光孔壁；铰削余量小（一般粗铰时为 0.15～0.35mm，精铰时为 0.05～0.15mm），切削速度低（$v_c = 1.5～10m/min$），切削力和切削热都小，这样就减少了加工时的发热和变形。由于以上特点，铰孔可以获得较高的精度和较小的粗糙度，公差等级一般可达到 IT9～IT7（手铰可达 IT6），表面粗糙度 R_a 为 1.6 ～0.4μm（手铰 R_a 为 0.2μm）。

钻孔、扩孔和铰孔只能保证孔本身的精度，而不能保证孔间距离或孔与其他表面间的尺寸精度和位置精度。当有这些要求时，要用夹具保证或采用镗孔加工。铰孔的适应性较差，铰刀为定尺寸刀具，一把铰刀只能用于加工一种尺寸的孔，对非标准尺寸的孔，如台阶孔和盲孔不适于铰刀加工。

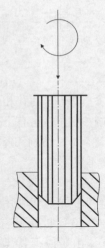

图 5 - 13　铰孔加工示意图

5.2.3　镗削加工

镗孔是利用镗刀在已加工孔上进行孔径加工的工艺，可达到较高的尺寸精度。一般镗孔的精度公差等级可达 IT8～IT7，表面粗糙度 R_a 为 1.6～0.8μm。在一些箱体类和形状复杂的工件，如发动机缸体、机床变速箱等大型零件上有数量较多、孔径较大、精度要求较高的孔，这类孔系的加工要在一般机床上进行是比较困难的，用镗床加工则比较容易。在镗床上不仅可以镗孔，还可以铣平面、沟槽，钻、扩、铰孔和车端面、外圆、内外环形槽以及车螺纹等。由于这种机床的万能性，它甚至能完成工件的全部加工，因此镗床是大型零件加工的主要设备。

镗刀有单刃和多刃镗刀之分。由于它们的结构和工作条件不同，它们的工艺特点和应用也有所不同。

1. 单刃镗刀镗孔

单刃镗刀刀头的结构与车刀类似，如图 5 – 14 所示。用它镗孔时，有如下特点：

（1）适应性较广，灵活性较大。

单刃镗刀结构简单，使用方便，既可粗加工，也可半精加工或精加工；一把镗刀可加工不同直径的孔，孔的尺寸主要由操作者来保证，而不像钻孔、扩孔或铰孔那样，是由刀具本身尺寸保证的。因此，用单刃镗刀镗孔适应性较广、灵活性较大，但它对工人技术水平的依赖性也较高。

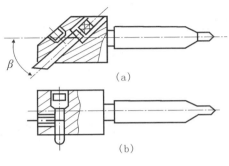

图 5 – 14　单刃镗刀

（2）可以校正原有孔的轴线歪斜或位置偏差。

由于镗孔的质量主要取决于机床精度和工人的技术水平，所以预加工孔如轴线歪斜或有不大的位置偏差，利用单刃镗刀镗孔可予以校正。这一点若用扩孔或铰孔是不易达到的。

（3）生产率较低。

单刃镗刀的刚性比较低，为了减少镗孔时镗刀的变形和振动，不得不采用较小的切削用量；加之仅有一个主切削刃参加工作，所以生产率比扩孔或铰孔低。

由于以上特点，单刃镗刀镗孔比较适用于单件小批生产。

2. 多刃镗刀镗孔

在多刃镗刀中，有一种可调浮动镗刀片（图 5 – 15）。调节镗刀片的尺寸时，先松开螺钉 1，再旋螺钉 2，将刀片 3 的径向尺寸调好后，拧紧螺钉 1 把刀片 3 固定即可。镗孔时，镗刀片不是固定在镗杆上的长方孔中，而是能在垂直于镗杆轴线的方向上自由滑动，由两个对称的切削刃产生的切削力，自动平衡其位置。因此，用它镗孔时，具有如下特点：

（1）加工质量较高。

由于镗刀片在加工过程中浮动，可抵消刀具安装误差或镗杆偏摆所引起的不良影响，提高了孔的加工精度。较宽的修光刃，可修光孔壁，减少表面粗糙度。但是，它与铰孔类似，不能校正原有孔的轴线歪斜或位置偏差。

（2）生产率较高。

浮动镗刀片有两个主切削刃同时切削，并且操作简单，所以可提高生产率。

（3）刀具成本较单刃镗刀高。

由于浮动镗刀片结构比单刃镗刀复杂，且刃磨要求高，因此成本较高。

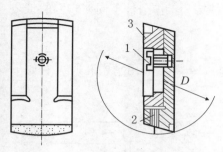 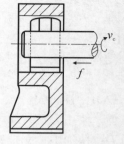 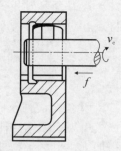

（a）可调节浮动镗刀片　　　　　　　　（b）浮动镗刀工作情况

图5-15　浮动镗刀片及其工作情况

1，2—螺钉；3—刀片

由于以上特点，浮动镗刀片镗孔主要用于批量生产、精加工箱体类零件上直径较大的孔。

5.3　铣削的工艺特点及应用

铣削加工是在铣床上利用铣刀进行加工的工艺，是加工零件平面的主要方法之一。利用铣削还可完成铣沟槽、切断等工艺要求。

5.3.1　铣刀结构和分类

铣刀是一种多刀齿的回转刀具，由刀齿和刀体两部分组成。铣刀刀齿的基本形状和车刀的切削部分相同。

铣刀的种类很多，根据其结构可分为圆柱铣刀及端铣刀。

1. 圆柱铣刀

刀齿分布在刀体圆周的铣刀叫圆柱铣刀，如图5-16（a）所示。按其刀齿在圆柱表面上的分布形式可分为直齿和螺旋齿两种。直齿圆柱铣刀因切削不平稳，现已很少采用。螺旋齿圆柱铣刀分粗齿（8～10个刀齿）和细齿（10～18刀齿）两种，前者用于粗加工，后者用于精加工。

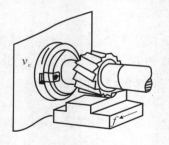 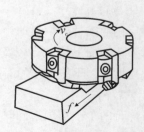

（a）圆柱铣刀铣平面　　　　　　（b）端铣刀铣平面

图5-16　圆柱铣刀和端铣刀

2．端铣刀

刀齿分布在刀体端面上的铣刀叫端铣刀，如图 5 – 16（b）所示。按其结构形式可分为整体端铣刀和镶齿端铣刀两种类型。用硬质合金镶齿端铣刀加工平面，能有效地提高切削效率，是一种高效率切削工具。

5.3.2　铣削过程分析

1．铣削用量要素

铣削用量要素如图 5 – 17 所示。包括铣削速度 v_c、进给量 f、待铣削层深度 t 和铣削宽度 B 等。

（1）铣削速度 v_c。它是指铣刀最大直径处切削的圆周速度：

$$v_c = \pi Dn/1000 \quad （m/min）$$

式中　D——铣刀外径，mm；

　　　n——铣刀每分钟的转数。

（2）进给量。铣削的进给量有三种表示方法。铣刀每转过一齿，工件沿进给方向所移动的距离，称为每齿进给量，用 f_z 表示；铣刀每转一转，工件沿进给方向所移动的距离，称为每转进给量，用 f 表示；铣刀旋转 1min，工件沿进给方向移动的距离，称为每分钟进给量，即进给速度，用 v_f 表示。三者的关系为 $v_f = f_n = f_z zn$（mm/min）（z 为铣刀齿数）。

（3）待铣削层深度 t。在垂直于铣刀轴线方向测量的切削层尺寸（mm）。

（4）待铣削层宽度 B。在平行于铣刀轴线方向测量的切削层尺寸（mm）。

2．切削层参数

由图 5 – 17 可知，在铣削过程中切削层参数是不断变化的。

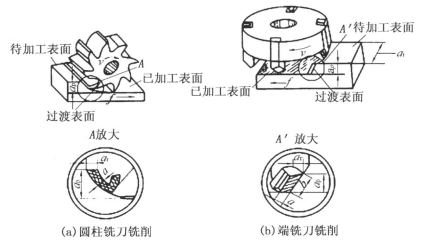

图 5 – 17　铣削用量要素

（1）切削厚度。它是铣刀相邻两刀齿主切削刃运动轨迹（即切削平面）间的垂直距离（mm）。由图5－17可知，用圆柱铣刀铣削时，切削厚度在每一瞬间都是变化的。端铣时的切削厚度也是变化的。

（2）切削宽度。它是铣刀主切削刃与工件的接触长度（mm），即铣刀主切削刃参加工作的长度。

（3）切削面积。铣刀每齿的切削面积等于切削宽度和切削厚度的乘积。铣削时，铣刀有几个刀齿同时参加切削，故铣削时的切削面积应为各刀齿切削面积的总和（图5－18）。

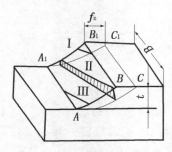 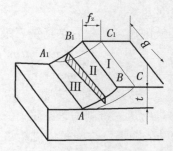

（a）螺旋齿圆柱铣刀　　　　　　（b）直齿圆柱铣刀

图5－18　螺旋齿和直齿圆柱铣刀的切削层形式

由于切削厚度是个变值，使铣刀的负荷不均匀，在工作中易引起振动。但用螺旋齿圆柱铣刀加工时，不但切削厚度是个变值，而且切削宽度也是个变值（图5－18（a）），图中Ⅰ、Ⅱ、Ⅲ三个工作刀齿的工作长度不同，因此可能使切削层面积的变化大为减少，从而切削力的变化减少，造成较均衡的切削条件。

3. 铣削力分析

在铣削过程中，可将总切削力分解为三个分力，如图5－19所示，即主切削力 F_c、径向力 F_p 和轴向力 F_f。F_c 是切下切屑所需的主切削力；F_p 是工件竭力要把铣刀推开的力。F_c 和 F_p 的合力作用在铣刀刀杆上，使刀杆发生弯曲；轴向力作用在机床主轴的轴线方向，使刀杆受到轴向力的作用。铣削力与车削力相比，受力情况较复杂，其特点为：

（1）铣削力大小是变化的。

原因是在切削过程中切削厚度不断变化，造成每个刀点的受力忽大忽小。图5－18（b）中，刀齿在不同位置时的切削厚度不同，在位置Ⅰ最大，在位置Ⅲ最小。

（2）铣削过程中同时参加切削的刀点数是变化的。

图5－20（a）中所示状态下刀齿1、2、3都参与切削，而在切至图5－20（b）中所示状态时，刀齿1已切离工件，在此瞬间，总切削力突然降低，这对直齿圆柱铣刀尤为严重。

（3）铣削力的方向是变化的。

如图 5-20（a）所示，有三个刀齿同时切削时，合力的作用点在 A 点，当刀齿 1 切离工件时，合力的作用点移至 B 点，而且方向也变了，如图 5-20（b）所示。

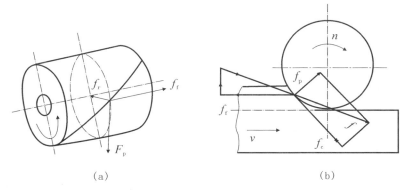

（a）   （b）

图 5-19 铣削力分析

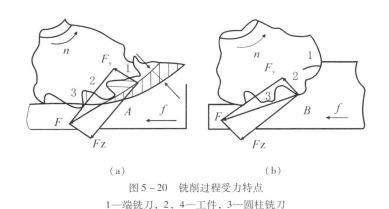

（a）   （b）

图 5-20 铣削过程受力特点

1—端铣刀，2、4—工件，3—圆柱铣刀

4．铣削方式

根据铣削时选用的铣刀类型不同，铣削分为端铣和周铣。按工件与刀具的相对运动不同，周铣又分顺铣和逆铣。

（1）端铣与周铣。

端铣是利用端铣刀的端面刀齿加工平面的方式，而周铣是利用圆柱铣刀的圆周刀齿加工平面的方式。由图 5-21 可以看出铣刀切削工件时的瞬间接触角。周铣时，φ 角与待铣削层深度 t 有关，t 愈小，φ 角愈小，同时参加切削的刀齿数亦愈小。而待铣削层深度 t 与加工余量和粗精铣有关，数值一般较待铣削层宽度 B 小，精铣时就更小。所以周铣时，同时参加切削的刀齿数较少，一般为 1～2 个刀齿，每个刀齿切入和切出工件时对整个铣削力变动的影响就愈大，铣削过程的平稳性就愈差，对加工质量和生产率就愈不利。

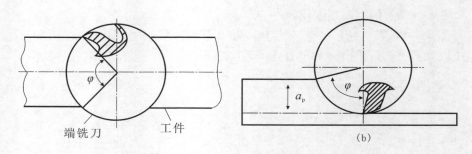

图 5-21 端铣与周铣时刀齿与工件的接触角

周铣时已加工表面的粗糙度较大，且圆柱铣刀不易镶装硬质合金，多为高速钢制成，同时刀轴细长，装夹刚性差，加上切削不均匀等，切削用量受到一定限制。

端铣时，φ 角与铣削层深度 t 有关，t 愈大，φ 角愈大，同时参加切削的刀齿数亦愈多。

端铣平面时，t 的数值一般都大于 B，当铣削大平面时，数值可更大，因而端铣时同时参加的刀数较多，每个刀齿切入和切出时，对整个铣削力变化的影响小得多，切削比较平稳。端铣时有副切削刃对加工表面起修光作用，可减少加工表面粗糙度；另外刀齿切入时，切削厚度虽较小，但不等于零，有利于提高刀具的使用寿命。端铣刀可镶装硬质合金刀头，进行高速切削，不仅提高生产率，还可提高加工表面质量。

综上所述，端铣加工质量好，生产率高。所以，在平面铣削中，尤其是大平面的铣削，目前大都采用端铣。但是，周铣的适应性较广，能用多种铣刀铣削平面、沟槽、齿形和成形等，故生产中仍常用。

（2）顺铣和逆铣。

顺铣是铣刀旋转方向与工件进给方向相同（图 5-22（a））。而逆铣是圆柱铣刀旋转方向与工件进给方向相反（图 5-22（b））。

由图 5-22 可以看出，逆铣时，每个刀齿上的切削厚度是由零变到最大。因为刀齿的刃口不能磨得绝对锋利，所以刀刃在开始时不能立刻切入工件，而是挤压加工表面，在其上滑行一段很小的距离后，才能切入工件。这样，会使工件加工表面的加工硬化现象加重，影响工件的表面质量，同时也加剧了刀齿后刀面的磨损。另外，刀齿对工件有一个向上作用的分力，影响工件夹持的稳定性。顺铣则没有上述特点，每个刀齿的切削厚度是由最大变为零，还有一个向下的分力作用在工件上，有利于工件夹持的稳定性。但是工件台进给丝杠与固定螺母之间一般都存在间隙（图 5-22），间隙在进给方向的前方。而顺铣时忽大忽小的水平分力 F_n 与工件的进给方向是相同的，由于 F_n 的作用，就会使工件连同工作台和丝杠一起，向前窜动，造成进给量突然增大，甚至引起打刀。而逆铣时，水平分力与进给方向相反，铣削过程中工作台丝杠始终压向螺母，不致因为间隙的存在而引起工件窜动。

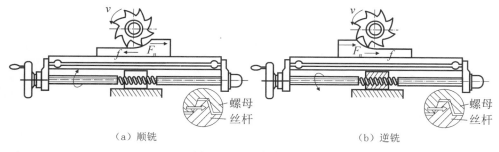

（a）顺铣　　　　　　　　　　　　　（b）逆铣

图 5 - 22　顺铣与逆铣

实践证明，顺铣可以提高切削速度 30% 左右，并减少表面粗糙度 1、2 级，提高刀具使用寿命 2～3 倍，并有助于工件夹持稳定。但采用顺铣加工，必须在铣床上装有消除丝杠螺母间隙机构，工件才没有硬皮。若不具备上述条件，则仍采用逆铣加工。

5.3.3　铣削的工艺特点

1. 生产率较高

铣刀是典型的多齿刀具，铣削时有几个刀齿同时参加工作，总的切削宽度较大。铣削的主运动是铣刀的旋转，有利于高速铣削，所以铣削的生产率一般比刨削高。

2. 容易产生振动

铣刀的刀齿切入和切出时产生冲击，因此，铣削过程不平稳，容易产生振动。切削过程的不平稳性，限制了铣削加工质量和生产率的进一步提高。

3. 刀齿散热条件好

铣刀刀齿在切离工件的一段时间内，可以得到一定的冷却，散热条件较好。但是，切入和切出时热和力的冲击，将加速刀具的磨损，甚至可能引起硬质合金刀片的碎裂。

5.3.4　铣削加工的应用

铣削的形式很多，铣刀的类型和形状更是多种多样，再加上铣床附件"分度头""圆形工作台"等的应用，铣削加工范围较广。主要用来加工平面（包括水平面、垂平面和斜面）、沟槽、成形面和切断等。加工精度一般可达到 IT8～IT7，表面粗糙度 R_a 为 6.3～1.6μm。

单件、小批量生产中，加工中、小型工件，多用升降台式铣床（卧式和立式两种）。加工大、中型工件时，可以用工作台不升降式铣床，这类铣床与升降台式铣床相近，只不过垂直方向的进给运动不是由工作台升降来实现，而是由装在立柱上的铣削来完成。

龙门铣床的结构与龙门刨床相似，在立柱和横梁上装有 3～4 个铣头，适于加工大型工件或同时加工多个中小型工件。由于它的生产率较高，广泛用于成批和大量生产中。

5.4 刨、插和拉削的工艺特点及应用

5.4.1 刨削加工

在刨床上用刨刀加工工件的工艺过程称为刨削。

刨削是加工平面的主要方法之一，常见的刨床类机床有牛头刨床、龙门刨床等。

刨削属单刀齿加工，刨削用的刀具叫刨刀，它的基本形状和车刀相同。

1. 刨削的工艺特点

（1）通用性好。

根据切削运动（图 5 – 23）和具体的加工要求，刨床的结构比车床、铣床等简单，成本低，调整和操作也较简便。所用的单刃刨刀与车刀基本相同，形状简单，制造、刃磨和安装皆较方便。因此，刨削的通用性好。

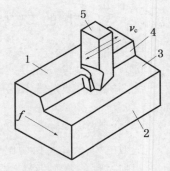

图 5 – 23　牛头刨床切削运动
1—待加工表面；2—工件；
3—已加工表面；4—过渡表面；
5—刨刀

（2）生产率一般较低。

刨削的主运动为往复直线运动，反向时受惯性力影响，加之刀具切入和切出时有冲击，限制了切削速度的提高。单刃刨刀实际参加切削的切削刃长度有限，一般表面往往要经过多次行程才能加工出来，基本工艺时间较长。刨刀返回行程时，一般不进行切削，增加了辅助时间。由于以上原因，刨削的生产率一般低于铣削。但是对于狭长表面（如导轨、长槽等）的加工，以及在龙门刨床上进行多件或多刀加工时，刨削的生产率可能高于铣削。

（3）可保证加工表面的位置精度。

如用龙门刨床加工大型工件，可利用几个刀架同时加工，因此，对座机、箱体和床身上的基准面或支承面等相对位置精度要求较高的零件常采用刨削加工。

2. 刨削加工的应用

牛头刨床适于刨削长度不超过 1 000mm 的中小型零件，它可加工平面和成形面等。一般刨削精度可达 IT8～IT7，表面粗糙度 R_a 为 6.3～2.6μm。

龙门刨床适于加工箱体、导轨等狭长平面，可采用多工件多刨刀刨削，提高生产率。如在刚性好、精度高的机床上，正确安装工件，用宽刃刨刀进行大进给量精刨平面，可以得出平面度在 1 000 mm 内不大于 0.02 mm，表面粗糙度 R_a 为 1.6 ～ 0.8 μm 的平面，并且生产率也较高。刨削还可以保证一定的相互位置精度。

5.4.2　插削加工

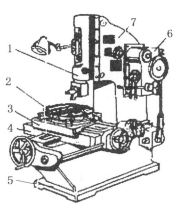

插削原理及插床结构刨削和牛头刨床属同一类型，不同的是滑枕在垂直方向做上、下往复运动是主运动，因而插床也称为立式刨床。工件沿纵向、横向及圆周三个方向分别做的间歇运动是进给运动。图 5 - 24 是插床的外形结构图。

插削主要用来加工孔内的键槽、花键等；也可用来加工多边形孔；利用划线还可以加工盘形凸轮等特殊形面。插削特别适用于加工盲孔或有障碍台肩的内表面。

5.4.3　拉削加工

在拉床上用拉刀加工工件内、外表面的工艺过程叫拉削加工。

图 5 - 24　B5020 型插床外形
1—滑枕；2—圆形工作台；
3—上滑座；4—下滑座；
5—床身；6—变速箱；7—立柱

1. 拉刀结构

拉刀的结构比较复杂，图 5 - 25 所示为拉内圆表面的圆孔拉刀，它由下列主要部分组成。

（1）柄部，它是将拉刀夹持在拉床夹头上，用以传递力的。

（2）颈部，柄部和过渡锥的连接部分。

（3）过渡锥，起导向作用，使拉刀和工件在开始拉削前保证正确的位置。

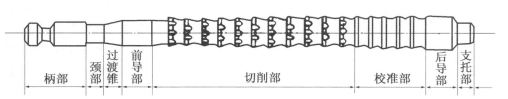

柄部	颈部	过渡锥	前导部	切削部	校准部	后导部	支托部

图 5 - 25　圆孔拉刀及其组成部分

（4）前导部，起引导作用，防止拉刀歪斜。

（5）切削部，具有切削刀齿切削作用的部分，它由粗切齿、过渡齿和精切齿组成。

（6）校准部，起校准、刮光作用，最后确定加工表面的精度和粗糙度。

（7）后导部，拉刀切离工件时，用来保证拉力最后刀齿与工件间的正确位置。

（8）支托部，当拉刀又长又重时用以承托拉刀用的，一般拉刀则没有。

拉刀的切削部分由一系列直径逐齿递增的刀齿组成，当拉刀相对工件作直线移动时，它们便从工件上切下一层层金属（图 5 – 26），当全部刀齿通过后，就完成了对工件的加工。

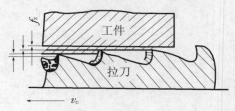

图 5 – 26　拉削过程

内孔拉刀是一种多刀刃的定径刀具，一种拉刀只能加工一种形状和同一尺寸的表面。拉刀切削部分中相邻的刀齿最大外圆半径之差为齿升量，一般为 0. 02 ～ 0. 1mm，且齿升量逐齿递减，校准齿则没有齿升量。

2．拉削过程分析

由拉刀的结构和切削过程分析，拉削过程的主运动为拉刀的直线往复运动，进给运动即为切削部分刀齿的齿升量，所以拉床的构造比较简单。

3．拉削加工的工艺特点

（1）生产率较高。由于拉刀是多刀齿刀具，同时参加工作的刀齿数较多，总的切削宽度大，并且拉刀一次行程，就能够完成粗加工、半精加工和精加工，基本工艺时间和辅助时间大大缩短，所以生产率较高。

（2）加工范围较广。拉削不但可以加工平面和没有障碍的外表面，还可以加工各种形状的通孔，所以，拉削加工范围较广。

（3）加工精度较高，表面粗糙度较小。拉刀具有校准部分，校准齿的切削量很小，只切去工件材料的弹性恢复量。另外，拉削的切削速度一般较低（目前 v_c <18mm/min），每个刀齿的切削厚度较小，因而切削过程比较平稳，并可避免积屑瘤的不利影响。所以，拉削加工可以达到较高的精度和较小的表面粗糙度。一般拉孔的精度为 IT8 ～ IT7，表面粗糙度 R_a 为 0. 8 ～ 0. 4μm。

（4）拉刀寿命长。由于拉削时切削速度较低，刀具磨损慢，刃磨一次，可以加工数以千计的工件，一把拉刀又可以重磨多次，故拉刀的寿命长。

（5）拉床简单。拉削只有一个主运动，即拉刀直线运动。进给运动是靠拉刀的后一个刀齿高出前一个刀齿的齿开量来实现的。所以拉床的结构简单，操作也比较方便。

4．拉削加工的应用

拉削可用来加工内、外表面，尤其适用于加工各种形状的通孔表面。图 5 – 27 为在拉床上可加工的一些孔的形状和拉削时工件安装的示意图。图 5 – 28 为用拉削加工的一些外表面和榫槽。当拉削切除量大时，可采用成套拉刀顺序使用。

虽然拉削具有很多优点，但是由于拉刀结构比一般结构和一般孔加工刀具复杂，制造困难，成本高，所以仅适用于成批或大量生产。在单件、小批生产中，对于某些精度要求较高、形状特殊的成型表面，用其他方法加工困难时，也有采用拉削加工的。但对于盲孔、深孔、阶梯孔和有障碍的外表面，则不能用拉削加工。

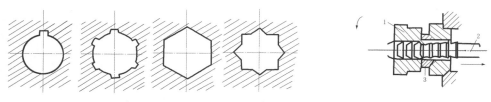

（a）各种形状的孔　　　　　　　　　　　（b）工件的安装

图 5-27　各种形状的内孔表面和拉削时工件的安装
1—工件；2—拉刀；3—球面垫圈

 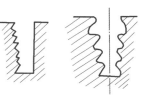

图 5-28　拉削的外表面及榫槽

5.5　磨削的工艺特点及应用

在磨床上用砂轮或其他磨具加工工件，称为磨削。磨床的种类很多，较常见的有：外圆磨床、内圆磨床和平面磨床等。

作为切削工具的砂轮，是由磨料加结合剂用烧结的方法而制成的多孔物体（见图 5-29）。由于磨料、结合剂及制造工艺等的不同，砂轮的特性可能差别很大，对磨削的加工质量、生产效率和经济性有着重要影响。砂轮的特性包括磨料、粒度、硬度、结合剂、组织以及形状和尺寸等。

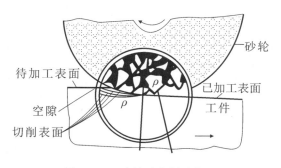

图 5-29　砂轮及磨削示意图

砂轮的磨削，是切削、刻划和滑擦三种作用的综合。

5.5.1 磨削的工艺特点

1. 精度高、表面粗糙度小

磨削时，砂轮表面有极多的切削刃，并且刃刀口圆弧半径 ρ 较小。例如粒度为 $46^{\#}$ 的白刚玉磨粒，$\rho \approx 0.006 \sim 0.012\text{mm}$，而一般车刀和铣刀的 $\rho \approx 0.012 \sim 0.032\text{mm}$。磨粒上较锋利的切削刃，能够切下一层很薄的金属，切削厚度可以小到数微米，这是精密加工必须具备的条件之一。一般切削刀具的刃口圆弧半径虽也可磨得小些，但不耐用，不能或难以进行经济的、稳定的精密加工。磨削所用的磨床比一般切削加工机床精度高，刚性及稳定性较好，并且具有控制小切削深度的微量进给机构（表 5-1），可以进行微量切削，从而保证了精密加工的实现。

表 5-1 不同机床控制切深机构的刻度值　　　　　　单位：mm

机床	立式铣床	车床	平面磨床	外圆磨床	精密外圆磨床	内圆磨床
刻度值	0.05	0.02	0.01	0.005	0.002	0.002

磨削时，切削速度很高，如普通外圆磨削 $v_c \approx 30 \sim 35\text{m/s}$，高速磨削 $v_c > 50\text{m/s}$，当磨粒以很高的切削速度从工件表面切过时，同时有很多切削刃进行切削，每个磨刃仅从工件上切下极少量的金属，残留面积高度很小，有利于形成光洁的表面。因此，磨削可以达到高的精度和小的粗糙度。一般磨削精度可达 IT7 ~ IT6，表面粗糙度 R_a 为 $0.8 \sim 0.2\mu\text{m}$，当采用小粗糙度磨削时，粗糙度 R_a 可达 $0.1 \sim 0.008\mu\text{m}$。

2. 砂轮有自锐作用

磨削过程中，砂轮的自锐作用是其他切削刀具所没有的。一般刀具的切削刃，如果磨钝或损坏，则切削不能继续进行，必须换刀或重磨。而砂轮由于本身的自锐性，使得磨粒能够以较锋利的刃口对工件进行切削。实际生产中，有时就利用这一原理进行强力连续磨削，以提高磨削加工的生产效率。

3. 切深抗力 F_p 较大

磨削时的切削力和车削一样，也可以分解为三个互相垂直的分力 F_p、F_f 和 F_c。图 5-30 所示为纵磨外圆时的磨削力。在一般的切削加工中，主切削力 F_c 较大，而磨削时，由于磨削深度和切削厚度均较小，所以 F_c 较小，F_f 则更小。但是，因为砂轮与工件的接触宽度较大，并且磨粒多以负前角进行切削，致使 F_p 较大，一般情况下，$F_p = (1.5 \sim 3) F_c$。工件材料的塑造性越小，F_p/F_c 之值越大（表 5-2）。

切深抗力作用在工艺系统（机床—夹具—工件—刀具所组成的系统）刚性较差的方向上，使工艺系统变形，影响工件的加工精度。例如纵磨细长轴的外圆时，由于工件的弯曲而产生腰鼓形。另外，工艺系统的变形，会使实际磨削深度比名义值小，这将增加磨削时的走刀次数。在最后几次光磨走刀中，要少吃刀或不吃刀，即把磨削深度递减至零，以便逐步消除由于变形而产生的加工误差。但是，这样将降低磨削加工的效率。

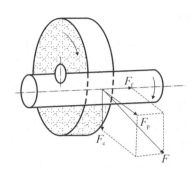

图 5 - 30　磨削力

表 5 - 2　磨削不同材料时 F_p/F_c 之值

工件材料	碳钢	淬硬钢	铸铁
F_p/F_c	1.6～1.8	1.9～2.6	2.7～3.2

4. 可以磨削硬度很高的材料

砂轮磨粒本身具有很高的硬度和耐热性。因而，砂轮不仅能磨削一般材料（如未淬火钢、铸铁和有色金属等），而且还可以磨削硬度很高，用其他刀具难以加工甚至不能加工的材料，如淬火钢、硬质合金等。

5. 磨削温度高

在磨削过程中，一方面由于砂轮高速旋转，砂轮与工件之间产生剧烈的外摩擦；另一方面由于磨粒挤压工件表层，使其产生弹性和塑性变形，在工件材料内部发生剧烈的内摩擦。内外摩擦的结果产生了大量的磨削热。由于砂轮本身导热性差，磨削区瞬时所产生的大量热量，短时间来不及传出，所以瞬时形成很高的温度，一般可达 $800～1\,000℃$ ，甚至可使微粒金属熔化。因此，工件表面容易产生烧损现象，淬火的工件在磨削时更易发生退火，使表面硬度降低。

对于导热性差的材料在磨削的高温作用下，容易在工件内部与表面之间产生很大的温度差，致使工件表层产生很大的磨削应力和应变，有时使工件表面产生很细的裂纹，降低表面质量。

另外，在高温下变软的工件材料，极易堵塞砂轮，不仅影响砂轮的使用寿命，也影响工件表面质量。

因此，在磨削过程中，应采用大量的切削液。磨削时加注切削液，除了冷却和润滑作用外，还可以起到冲洗砂轮的作用，切削液将细碎的切屑以及碎裂或脱落的磨粒冲走，避免砂轮堵塞，可有效地提高工件的表面质量和砂轮的使用寿命。

磨削钢件时，广泛应用的切削液是苏打水或乳化液。磨削铸铁、青铜等脆性材料时，一般不加切削液，而用吸尘器清除尘屑。

5.5.2　磨削的应用范围

磨削加工已经成为各种表面精加工的普遍方法。磨削加工不仅应用于外圆、内圆和平面的精加工，而且还应用于各种成形面（螺纹、齿轮、花键和轴承滚道等）和组合面（机床导轨）的精加工。由于砂轮上的磨粒具有很高的硬度和很高的耐热性，因此用磨削的方法精加工硬金属和淬火钢零件比用一般刀具进行切削加工具有更大的优越性。随着毛坯制造精度的提高，目前工业发达的国家中已广泛采用磨削加工作为毛坯的精加工。随着高速磨削和精密磨削的发展，磨削加工越来越显示出其优越性，在整个机械制造中所占的比重越来越大。

5.5.3　磨削工艺的发展

近年来磨削工艺正朝着高精度、小粗糙度和高效磨削方向发展。

1.　高精度、小粗糙度磨削

这种磨削包括精密磨削（R_a 可达 $0.1 \sim 0.05\,\mu m$）、超精密磨削（$R_a = 0.025 \sim 0.012\,\mu m$）和镜面磨削（$R_a = 0.006\,\mu m$），它们可以代替研磨加工，以减轻劳动强度和提高生产率。

小粗糙度磨削时，除对磨床有所要求外，砂轮需经过精细修整，保证砂轮表面的磨粒具有微刃性和微刃的等高性。磨削时，磨粒的微刃在工件表面上切下微细的切屑，同时在适当的磨削压力下，借助半钝态的微刃与工件表面间产生的摩擦抛光作用获得高的精度和小的表面粗糙度。

2.　高效磨削

高效磨削包括高速磨削和强力磨削，主要目的是提高生产率。

高速磨削是采用高的磨削速度（$v_c > 50\,m/s$）和高进给量来提高生产率的磨削方法，高速磨削还可提高工件的加工精度和降低表面粗糙度，砂轮使用寿命亦可提高。

强力磨削是以大的切深（可达十几毫米）和缓慢的轴向进给（$0.01 \sim 0.3\,m/min$）进行磨削的方法，又叫缓进磨或蠕动磨。它可在铸、锻毛坯上直接磨出零件所要求的表面形状和尺寸，从而大大提高生产效率。为进一步提高零件表面的精度和粗糙度，可采用光整加工技术。具体方法可参见光整加工等章节。

5.6 电火花线切割加工

电火花线切割的基本原理与电火花成形加工相同，其加工的主要区别是：线切割用的工具电极是连续移动的金属丝，而不是与工件型孔（或型腔）廓形相同的成型工具电极。电火花线切割如图 5-31 所示。

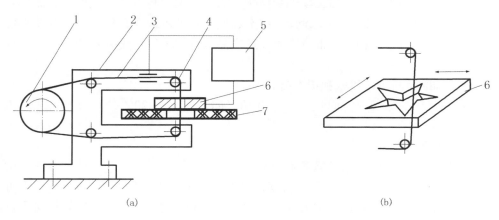

(a)   (b)

图 5-31　电火花线切割示意图

1—储丝筒；2—支架；3—金属丝；4—导向轮；5—脉冲电源；6—工件；7—绝缘板

电火花线切割的加工精度可达 0.01mm，表面粗糙度可达 1.6μm，生产率为 20～30 mm³/min。不仅如此，它还可加工精密、复杂、材料特殊的模具和零件，解决了机械加工难以加工甚至无法加工的问题，因此，线切割加工发展很快，应用越来越广。

5.7 数控机床与数控加工

数控机床就是把对机床的各种操作（如主轴的启、停，切削液的开、关等）和操作要求（如主轴转速、进给量等）以及要求工件达到的形状、尺寸、技术要求等，都用数字或数字代码的形式记入信息载体，经数控装置运算后，以脉冲信号的形式发出各种指令，使机床按照操作顺序依次动作，完成工件的自动加工的一种高效自动化加工设备。

数控机床的加工特点：

数控机床与普通机床、传统的自动机床的主要区别是控制方式不同。普通机床是由操作者人工控制，传统的自动机床是借助于凸轮、靠模、挡块等装置实现自动控制，数控机床则是以程序实现自动控制。因此，数控机床的加工有如下特点：

1. 加工精度高且稳定

数控机床消除了人工控制或由于凸轮、靠模等装置的调整和磨损而产生的误差。同一批零件的加工一致性好，即重复精度高且稳定。同时，加工精度不受零件复杂程度的影响，对普通机床难以保证精度，甚至无法加工的复杂零件，数控机床均能快速、高质量地加工。

2. 柔性好，生产准备周期短

数控机床加工中，当加工零件变换时，除装夹工件和刀具变化外，仅需更换加工程序即可。而编制程序比设计、制造和调节自动机床的凸轮、靠模等要简便得多。因此，对于品种多、批量小以及新产品试制等零件更换频繁的场合，数控机床的优越性非常突出。

3. 辅助时间少，机床利用率高

普通机床的净切削时间只占机床开动时间的 $15\% \sim 20\%$，而数控机床却占 $65\% \sim 70\%$。

4. 生产率高

数控机床比普通机床可提高生产率 $3 \sim 5$ 倍；加工形状复杂、精度要求高的零件，生产率可提高 $5 \sim 10$ 倍。自动换刀数控机床（又称加工中心），由于有分度工作台和自动换刀装置（由刀库、选刀机构和机械手组成），可连续地对零件各加工表面完成不同工序的自动加工，避免了零件在各道工序之间的转换停留，生产率更高。

但是，数控机床技术复杂、设备较昂贵，在现阶段，只用于精度要求高、形状较复杂的中小批量零件的加工。

5.8 电火花加工

1. 电火花加工的基本原理

电火花加工是指在一定介质中，通过工具电极和工件电极之间脉冲放电的电蚀作用对工件加工的方法。日本称之为"放电加工"；美国、俄罗斯等则称为"电蚀加工"。人们在实践中发现电器开关的触头开闭时，由于放电而使接触部位烧蚀，造成接触面损坏（即电腐蚀）。当人们认识了这一现象，变害为利，将其用于生产时，便产生了电火花加工。

电火花加工原理如下：工具电极（常用铸铁、黄铜或铜与石墨的混合物制成）接负极，工件接正极。当两电极在工作液（常用煤油或变压器油）中靠近达一定间隙时，由于两电极微观表面凹凸不平，使电场强度分布不均匀，凸点处电场强度最高，极间工作液介质被击穿，产生火花放电，在放电通道形成一个瞬时高温热源（达 10 000℃左右），使表面局部金属熔化甚至气化而飞溅，形成微小凹坑，于是两极间隙增大而使放电暂停。当工具进给到达放电间隙时，便再次脉冲放电，直到加工出与工具电极形状相同的型孔或型腔。

2. 电火花加工的工艺特点

（1）加工精度。因工具电极与工件间存在放电间隙，因此，加工出的孔和型腔的尺寸比工具电极尺寸稍大。加工孔时，由于工具电极的圆柱面和顶部逐渐损耗，孔会呈上大下小的锥度。此外，由于放电间隙不恒定等因素，均导致尺寸和形状误差的产生。

穿孔加工的尺寸误差一般可达 $0.05 \sim 0.01\,mm$，型腔加工可达 $0.1\,mm$。

（2）表面质量。由于工件被加工表面最终是一个个电蚀坑穴形成的，因此，会使工件表面粗糙度提高。一般粗加工时 R_a 为 $6.3 \sim 3.2\,\mu m$；精加工时 R_a 可达 $1.6 \sim 0.2\,\mu m$。在加工过程中，由于工件表层受瞬时高温及液体介质冷却，其组织会产生变化，因而力学性能也随之变化，一般表面硬度和耐磨性会有较大提高。

3. 应用场合

（1）可以加工各种硬、脆、韧、软及高熔点的导电材料。

（2）因加工时无切削力，故对切削加工有难度的小孔、窄槽、复杂截面的型孔、曲线孔、型腔及薄壁件均可加工，并适用于精密加工。

（3）脉冲参数可任意调节，在一台机床上可连续进行粗、半精、精加工。

（4）可对结构特殊的零件进行切割，可在零件上刻写出铭牌、标记等。

5.9　电解加工

1. 电解加工的基本原理

电解加工（电化学加工）是利用金属工件在电解液中所产生的阳极溶解作用而进行加工的方法，是靠电化学腐蚀使工件成形的一种加工工艺。它已成功地应用于宇航、汽车、拖拉机等行业。

电解加工是在电镀和电解抛光的基础上发展起来的。电解抛光时，工件与工具间的距离很大，可达 $100\,mm$ 左右。电解液不流动，因此工件与工具间的电流密度小，金属去除率低，只能抛光工件表层，不能改变工件的原有形状。电解加工时，工件与工具间距离近，其间隙不超过 $0.05 \sim 1\,mm$；工件接阳极，工具接阴极，电解液以 $5 \sim 60\,m/g$ 的速度在两极间隙中流过，将电解蚀物带走。

电解加工过程中，电极间的化学反应是相当复杂的，因为工件材料金相组织不均匀；电解液的成分不同，其化学反应也会有所变化。

2. 电解加工的工艺特点

（1）加工精度。电解加工中影响加工精度的因素较多，除影响加工间隙及其稳定性的各因素外，工具阴极本身的精度及其位置精度对加工亦有一定影响，故其加工精度不高。大致加工误差为：型孔，$\pm 0.03 \sim \pm 0.05\,mm$；锻模，$\pm 0.65 \sim \pm 0.20\,mm$；扭曲叶片型面，$\pm 0.20\,mm$。此外，电解加工难以加工出清晰棱角。

（2）表面质量。电解加工因无切削力、无高温，故工件表面无残余应力、热应力、切痕和毛刺，且表面粗糙度低，一般 R_a 可达 $0.8 \sim 0.2\mu m$。

5.10　电解磨削

电解加工虽然生产率高，但精度不高，电解磨削则可以解决这一问题。电解磨削是将电解作用和机械磨削结合起来的复合加工方法。

加工时，工件接直流电源阳极，导电磨轮接阴极，由磨轮表面凸出的磨粒保持一定的电解间隙，并向间隙中提供电解液。电源接通，工件表面产生电解反应，除金属被腐蚀外，还会形成一层极薄的氧化物或氢氧化物的薄膜（阳极膜），该膜硬度比工件低，极易被高速旋转的砂轮磨掉，使新的金属表面露出，继续产生电解反应。如此反复交替进行，达到加工的目的。

电解磨削具有如下工艺特点。

（1）加工效率高。与普通磨削相比，电解磨削硬质合金效率高 $3 \sim 5$ 倍。

（2）表面质量好。表面粗糙度 R_a 可达 $0.025\mu m$ 以下，且不会出现残余应力、毛刺等缺陷。

（3）砂轮磨损远比普通磨削小。

（4）适于加工高强度、高硬度、热敏性和磁性材料，如硬质合金、高速钢、不锈钢、钴合金等。

5.11　超声波加工

电火花加工、电解加工只能加工金属材料，不能加工不导电的非金属材料。超声波加工则最适宜加工不导电的硬脆材料。

1. 超声波加工的基本原理

超声波加工是利用超声振动的工具，带动工件和工具间的磨料悬浮液，冲击和抛磨工件的被加工部位，使其局部材料破坏而成粉末，以进行穿孔、切割和研磨等工作的加工方法。其加工原理如下：加工时，$50Hz$ 的交流电经超声波发生器（由高频振荡器和放大器等组成）输出 $16 \sim 25kHz$ 的高频电振荡，经换能器及变幅杆转变成高频机械振动，再以一定方式传给工具，磨料悬浮液在工具的超声振动下，以极高的速度和瞬时加速度冲击工件表面，使局部材料破坏而成为粉末脱离工件本体。除了磨料悬浮液中的磨粒及液体分子进行上述冲击之外，由于超声振动是高频脉冲式的，冲击行程还会迫使液体钻入工件材料的微细裂缝，增强其破坏效果，返回行程会形成局部真空，出现液体空穴，当再次冲击液体空穴使其闭合时，又会产生很强的爆裂现象——空化效应，强化了加工过程。磨料悬浮液循环流动，既带走被粉碎下来的材料粉末，又使工作液不断更新。工具在一定的压力下逐渐深入材料中，工具形状便复现在工件上。

2. 超声波加工的工艺特点及应用

（1）特别适于加工不导电的硬脆材料，如玻璃、陶瓷、石英、半导体硅片、玉器等。对导电的高硬材料（如硬质合金）及韧度较高的材料（如钢、铜等）也能加工，但生产率低些。

（2）加工精度较高，尺寸误差可达 0.02mm 或更小，表面粗糙度 R_a 可达 0.8 ~0.4μm。

（3）工具对工件的作用力小，热影响小，对加工不能承受较大机械应力的薄壁等类零件比较适合。

（4）工件材料的碎除靠的是磨粒，对工具材料的硬度要求不高，通常可用中碳钢，制成工具通常不需旋转，因此，对形状复杂的型孔、型腔、成形表面均能较方便地加工，采用中空形状的工具，还可实现各种形状的套料。

典型超声波加工的应用见图 5－32。

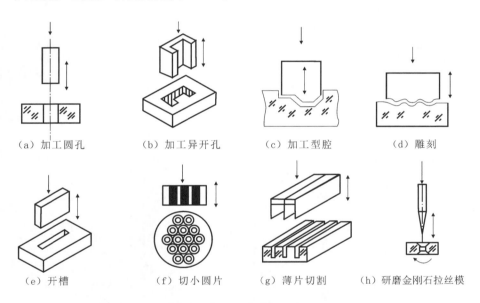

（a）加工圆孔　　（b）加工异开孔　　（c）加工型腔　　（d）雕刻

（e）开槽　　（f）切小圆片　　（g）薄片切割　　（h）研磨金刚石拉丝模

图 5－32　典型超声波加工应用

5.12　激光加工

激光加工是利用功率密度极高的激光束照射工件的被加工部位，使其材料瞬间熔化或蒸发，并在冲击波作用下，将熔融物质喷射出去，从而对工件进行穿孔、蚀刻、切割；或采用较小能量密度，使加工区域材料熔融粘合，对工件进行焊接。它是 20 世纪 60 年代以来最重大的科技成果之一。激光加工的特点如下：

（1）几乎可以加工一切金属和非金属材料，包括硬质合金、金刚石、宝石等。

（2）加工效率高、速度快。打一个孔只需 0.001s，易于实现自动化生产和流水作业。

（3）可加工微细小孔和深孔。加工的微孔直径一般为 0.01～1mm。孔的深径比可达 50～100。

（4）属于非接触式加工，不需刀具，工件无机械加工变形。

（5）可通过空气、真空、惰性气体或光学透明介质（如玻璃等）进行加工（例如要求在真空下加工），而且加工很方便。

激光加工已应用于火箭发动机和柴油机的喷嘴加工、化学纤维喷丝头打孔、钟表及仪表中宝石轴承打孔、金刚石拉丝模加工以及各种金属和非金属材料切割等。

任务六 平面加工方法

请你思考：

你见过哪些有平面的零件？

平面零件如何选用加工方法？

平面零件的结构特征有哪些？

平面的类型有哪些？

一起来学：

➡ 平面的加工方法和加工质量。

➡ 平面加工方案的选择。

➡ 薄片工件的加工。

6.1 概　　述

平面是组成零件的基本表面之一，特别是在基础零件上，平面所占的比重较大。箱体类、支架类、盘类及板块类零件上的平面往往是其主要表面。常见平面种类有以下几种。

（1）固定连接平面，如轴承座的安装底平面、卧式车床主轴箱体与床身的连接平面等。

（2）导向平面，如各类机床上实现部件间相对运动起导向作用的导轨，一般其技术要求很高。

（3）回转体件的端平面，如轴类件的轴肩、盘套类件的端面等。

此类平面一般与回转轴线有垂直度、平面间的平行度及表面粗糙度等技术要求。此类平面通常在车内、外圆面的同一次安装中加工出端平面，以保证各加工面的位置精度。

（4）板块类件的平面，如 V 形块、垫铁、量块、检验平板、平尺等，其加工精度和表面质量要求很高。

下面将简要介绍平面的技术要求和它的主要加工方法。

1. 平面的技术要求

（1）平面本身的形状精度（直线度、平面度）及表面粗糙度。

（2）平面与零件上其他表面的尺寸精度和相互位置精度（平行度、垂直度、倾斜度和对称度）。

2. 平面的主要加工方法

平面的主要加工方法有刨削、铣削、磨削、拉削及光整加工等。具体加工某一零件上的某一平面时，应根据零件的结构、平面的位置和技术要求合理地进行选择。

6.2 平面的加工方法和加工质量

6.2.1 平面的刨削与插削加工

1. 刨、插加工

刨、插加工常用于单件小批生产，主要加工零件上的平直表面和各种形状的直槽，如燕尾槽、T形槽、V形槽和键槽等。刨、插的切削过程与车削时几乎没有多大区别，如切屑变形、加工硬化、热变形、积屑瘤的生成等。

刨削常用的机床有牛头刨床和龙门刨床。在牛头刨床上刨削时，刨刀的往复直线移动为主运动，工件随工作台的间歇移动为进给运动。由于牛头刨床结构特点，一般只适合中小型零件的加工。在龙门刨床上刨削时，工作台带动工件的往复直线移动为主运动，刀具的间歇移动为进给运动。由于其主运动行程较长，工作台面积大，所以龙门刨床适于大型零件或多件的加工。典型刨削加工形式见图 6-1。

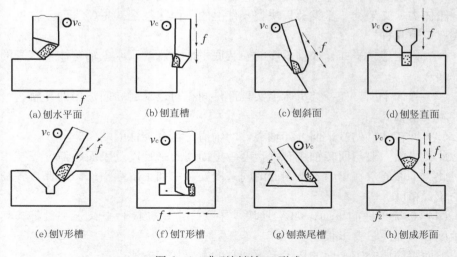

(a) 刨水平面 　(b) 刨直槽 　(c) 刨斜面 　(d) 刨竖直面

(e) 刨V形槽 　(f) 刨T形槽 　(g) 刨燕尾槽 　(h) 刨成形面

图 6-1 典型刨削加工形式

插削可以认为是立式刨削加工，所不同的是，它的主运动是在与水平垂直的平面内进行的。切削时刀杆所受的弯曲力矩比刨削小得多。滑枕带动刀具上下往复直线运动是主运动，工作台带动工件做纵向、横向或圆周进给运动。铣削方式及运动见图 6 - 2。

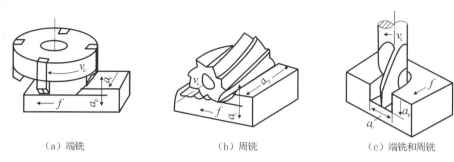

|（a）端铣|（b）周铣|（c）端铣和周铣|

图 6 - 2　铣削方式及运动

插削主要用于加工内平面，如键槽、方孔、六方孔等，也可加工某些零件的外表面。因刀杆刚度差，故冲击振动大。插削的表面粗糙度 R_a 为 6.3 ～ 1.6μm。插削生产率低，多用于单件、小批生产或维修。

由于刨削、插加工的主运动是往复直线运动，因而，切削过程中有冲击现象，并且这种冲击力随切削速度、切削层面积和被加工材料硬度的增加而增大。另外，在往复运动时产生的惯性力也限制了切削速度的提高（牛头刨 $v \leqslant 80\text{m/min}$，龙门刨 $v \leqslant 100\text{m/min}$），而且回程时不进行切削，有空程损失。因此，刨、插加工虽然通用性好，机床调整方便，但生产效率比较低。然而，它所用刀具比较简单，加工时机床的调整和工作工件的装夹比较容易，特别是在加工大型零件上的窄而长的平面时，生产效率还是很高的；加工不通孔或有障碍台肩的孔的内键槽时，插削几乎是唯一的方法。因此，在机械加工中，尤其是单件生产和修配工作中，刨、插加工仍占有一定的比重。一般加工后可达到公差等级 IT14 ～ IT8，表面粗糙度 R_a 为 12.5 ～ 1.6μm。

2. 宽刃刀精刨加工

在机械加工中，精密的大型平面、导轨面、工作台表面等，一般都是采用手工刮削的方法进行加工的，其效率低，劳动强度高。如果采用宽刃刀精刨加工的办法来代替刮削，则不仅可减轻劳动强度，而且可大大地提高生产效率，并能获得较好的加工质量。

宽刃刀精刨加工通常是在刚性好和精度较高的龙门刨床上进行的，要求工作台运动时平稳、无冲击和爬行现象，并使用具有宽刃而平直刀刃的精刨刀。在加工铸件时，应选用较低的切削速度（$v = 2 ～ 8\text{m/min}$），极小的背吃刀量（半精刨时为 0.05 ～ 0.10mm，精刨时为 0.03 ～ 0.05mm），很大的进给量（可达

6mm）。精刨后，工件的表面粗糙度 R_a 可达 $1.6 \sim 0.8\mu m$，在 1 000mm 长度范围内的直线度误差可达 $0.02 \sim 0.03mm$。此外，预刨和精刨要用粗、精两把刨刀，以提高加工精度。

用于精刨铸铁的宽刃的宽刃刨刀常取前角 $\gamma_0 = -15°$，后角 $= 5°$，刃倾角 $= -30°$。这样，刨削时对于工件表面有挤光作用，切削平稳，不易扎刀。而且，这种刨刀的一个平直刃磨损后，可换另一个平直刃继续工作。刀片材料一般采用高速钢，热处理至 $62 \sim 65HRC$，当然，也可采用硬质合金 YG8。加工时用煤油作切削液。

精刨前，应先用切削液将加工表面充分均匀润滑，以获得良好的润滑效果。在精刨过程中应将切削液连续喷射在宽刨刀刃口处，以免出现刀痕，影响工件的表面粗糙度。

采用精刨的零件材料要组织均匀、硬度差别不大、无砂眼和疏松等缺陷。对定位表面与支承表面接触面积小，或刚性较差的机架，为减少切削力，防止工件变形，可采用窄刀精刨加工。

6.2.2　平面的铣削加工

铣平面是机械加工中用得最多的一种加工平面的方法。由于刀具是做圆周运动，没有空行程，故可实现高速铣削，而且参与切削的刀齿数目多，切屑断面较刨削多，故铣削生产率比刨削高。但铣床调整和刀具结构较复杂。

铣削平面主要有如下两种方法：

1. 圆柱铣刀铣削（周铣）

铣削平面的圆柱铣刀有直齿和螺旋齿之分。采用直齿圆柱铣刀铣削平面时，由于刀齿在工件表面上不断切入和切出，切削力很不均匀，从而会引起冲击振动，影响加工表面的质量，目前已很少应用。采用螺旋齿圆柱铣刀铣削平面时，刀齿是在工件表面上逐渐切入和切出的，因此，切削力比较均匀，加工较平稳。圆柱铣刀是标准化刀具，它有粗齿和细齿之分，粗加工时选用粗齿铣刀，半精加工时选用细齿铣刀。

这种铣削方法一般适用于加工中小型工件。大型或组合表面的工件则多用组合圆柱铣刀铣削。在加工中为获得较高精度的表面，通常分粗铣、精铣两个工序进行。

2. 面铣刀铣削（端铣）

采用面铣刀铣平面时，由于铣刀盘直径大（$65 \sim 600mm$），安装的刀片多，同时参与切削的刀齿多，因此加工较平稳。而且面铣刀同时刚性好，能以较大的进给量进行切削。铣刀盘的刀齿通常镶有硬质合金，可进行高速切削。有时也可采用多个铣刀盘，同时铣削若干个平面。此外，铣刀上还有修光刃，可起刮削和修光表面作用。

这种加工方法，不仅生产率高，而且能获得较细的表面粗糙度。因此，在大批量生产中，面铣刀铣平面的方法得到了广泛的应用。

端铣的加工质量好于周铣的加工质量。面铣刀的副切削刃起修光已加工表面的作用，残留面积小。而周铣时，圆周表面的切削刃依次切削，使加工表面形成圆弧形波纹，残留面积较大。此外，端铣同时参与工作的切削刃比周铣多，而且切削厚度变化也比周铣小，切削力变化小，铣削过程平稳，振动小。所以端铣获得的表面粗糙度 R_a 值比周铣获得的小。

端铣生产率高于周铣。面铣刀可采用镶装硬质合金刀齿的结构，而周铣所用柱铣刀多为高速钢，面铣刀一般直接安装在主轴端部，悬伸长度较小，刀具系统的刚度好，而周铣的柱铣刀多装在细长的刀柄上，刀具系统的刚度差，此外，面铣刀的刀盘直径较大。所以，端铣可采用较大切削用量，生产率较高。

在机床功率和工艺系统刚性允许的条件下，如对零件的加工精度要求不高、加工余量较大（2～6mm），则可一次铣去全部加工余量。当零件的加工精度要求较高或加工表面粗糙度 R_a 要求在 3.2μm 以下时，铣削应分粗铣、精铣进行。当铣削余量在 7～12mm 以上时，采用阶梯面铣刀铣削，可一次铣去全部加工余量。

铣削平面一般能达到的要求为：粗铣平面的直线度误差为 0.15～0.3mm/m，表面粗糙度 R_a 为 25～6.3μm；半精铣平面的直线度误差为 0.1～0.2mm/m，表面粗糙度 R_a 为 12.5～3.2μm；精铣平面的直线度误差为 0.04～0.08mm/m，表面粗糙度 R_a 为 6.3～1.6μm。

周铣的适应性好于端铣。周铣便于使用多种结构形式的铣刀铣削沟槽、台阶面、成形面及组合平面等。

综上所述，由于端铣的加工质量和生产率高于周铣，所以在大平面加工中，目前多采用端铣，但因周铣适应性较广，故生产中仍然经常使用。

6.2.3 平面的磨削加工

磨削通常用来精加工铣削或刨削后的平面，淬硬零件的平面，也常作为有硬皮工件的粗加工。当毛坯表面带有硬皮时，如果用刨削和铣削的方法来加工，则刀刃在硬皮层中会很快地被磨损或崩裂，因而不得不增大加工余量，而且一次粗加工也往往不能达到高的平面度和较细的表面粗糙度要求。但采用粗磨的方法就不受此限制，可以按最小的余量来加工，而且能保证一定的精度和表面粗糙度要求。随着现代毛坯制造精度的提高以及刚性好、功率大的平面磨床的出现，粗磨平面的方法正被日益推广应用。经磨削后两平面间的尺寸精度可达 IT6～IT5，表面粗糙度 R_a 达 0.8～0.2μm。

平面磨削的机床，常用的有卧轴和立轴矩台平面磨床、卧轴和立轴圆台平面磨床，其主运动都是砂轮的高速旋转，进给运动是砂轮、工作台的移动（见图6-3）。

磨削平面的加工方式基本分为两种：

1. 周边磨削

如图 6-3 所示。它的特点是砂轮与工件的接触面小，切削过程发热小，散热快，排屑和冷却情况好，加工时工件不易产生热变形，因而能获得较高的精度和较细的表面粗糙度。但由于磨削时接触面小、生产率低，故只用于在成批生产中加工平面精度要求较高的工件。

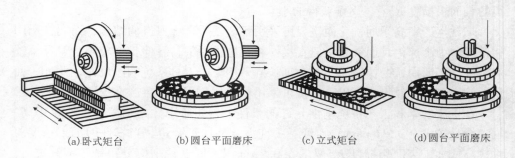

(a)卧式矩台　　　(b)圆台平面磨床　　　(c)立式矩台　　　(d)圆台平面磨床

图 6-3　平面磨床及切削运动

2. 端面磨削

如图 6-3 所示。它的特点是砂轮轴伸出长度较短，刚性好，机床功率大；砂轮轴主要受轴向力，弯曲变形小，因此可以采用较大的磨削用量；磨削时砂轮与工件接触面大，故生产率高。但磨削时接触面大，易发热，散热及冷却条件较差，工件散热变形大，故加工精度较低。因此，此法常用于加工大平面或大批量生产的精度要求不高的工件，或者用此法代替刨削和铣削进行粗加工。

为了减少砂轮与工件的接触面积，改善排屑和切削液注入条件，减少发热量，降低功率消耗，通常将砂轮主轴倾斜一个很小的角度（约30′）。但是加工后，平面中间略微呈凹形。例如砂轮轴倾斜角为30′、砂轮直径为350mm、工件磨削宽度为150mm 时，中间的凹值约为 0.15mm。因此这种方法只能用于粗磨。有一定精度要求时，磨削时必须使砂轮严格地垂直于工作台，以达到其精度要求。

磨削平面的质量，除了受机床精度和磨削方式的影响外，还与砂轮选择和磨削用量大小及零件的刚性等因素有关。通常，精磨后平面可达到的直线度误差为 $0.02 \sim 0.03$ mm/m，表面粗糙度 R_a 为 $0.8 \sim 0.2$ μm。细磨后则可获得更高的精度和更细的表面粗糙度。

6.2.4　平面的拉削加工

拉削平面是一种高效率、高精度的加工方法。它的主要特点是生产率比铣削高、加工精度高、刀具使用寿命长，故适用于大批量生产。但拉削平面在应用上也受到条件的限制，主要原因是拉刀材料常采用高速钢，且拉刀制造复杂，成本高，加工时切削力很大，因此，刚性差的工件不宜采用拉削。

拉削平面的切除余量可达 $2 \sim 6mm$，并且能在一次切削行程中完成粗、精加工。拉削没有硬皮的表面时，一般采用层剥法，拉削余量按工件宽度方向分配，可使刀齿不致迅速磨损或断裂。拉削的速度比较低，一般为 $8 \sim 12 \, mm/min$。由于拉刀刀齿的齿高逐渐增大，负荷分布合理，而且拉刀后面具有较正齿部分，所以拉削的加工质量比较高，一般可达公差等级 IT7 $\sim$ IT6，表面粗糙度 R_a 为 0.8 $\sim 0.2 \mu m$。在精拉平面时，常先用铣刀进行粗加工，留下少量余量进行拉削，这样可使拉刀长度缩短，同时又能获得较细的表面粗糙度。另外，拉削时应用切削液充分冷却刀齿和工件，以提高拉刀的寿命。

采用拉削方法可以加工单独的大平面，也可加工几个组合起来的平面，如可拉削汽车发动机气缸体的上、侧两大平面。拉削平面是一种先进的精加工方法，目前在大量生产中的应用正日益增多。

平面拉削类似于内孔拉削。因拉刀一次行程中能切除被加工平面的全部余量，完成粗、精加工，故生产率很高。拉床多采用液压传动，传动平稳，切削速度较低，不易产生积屑瘤；拉刀的校准部分具有修光已加工表面的作用，所以拉削平面质量较高。平面间的尺寸精度可达 IT8 $\sim$ IT6，表面粗糙度 R_a 为 0.8 $\sim$ $0.2 \mu m$。但拉刀的制造、刃磨复杂，刀具费用高，所以拉削主要用于大批量生产。当拉削面积较大的平面时，为减少拉削力，可采用渐进式拉刀进行加工。

6.2.5 平面的光整加工

光整加工是继精加工之后的工序，可使零件获得较高的精度和较细的表面粗糙度。

1. 刮削

刮削平面可使两个平面之间达到良好接触和紧密吻合，并可获得较高的直线度和相对位置精度，成为具有润滑膜的滑动面，又可减少相对运动表面间的磨损，增加零件接合面的刚度，可靠地提高设备或机床的精度。

刮削的余量应根据被加工表面的尺寸和精度要求来确定，参见表 6-1。

表 6-1 刮削余量　　　　　　　　　　　　　　　　单位：mm

平面宽度 ＼ 平面长度	刮削平面的余量				
	100 ～ 500	500 ～ 1 000	1 000 ～ 2 000	2 000 ～ 4 000	4 000 ～ 6 000
1 ～ 100	0. 1	0. 15	0. 20	0. 25	0. 30
100 ～ 500	0. 15	0. 20	0. 25	0. 30	0. 40
500 ～ 1 500	0. 18	0. 25	0. 35	0. 45	0. 50

刮削是平面经过预先精刨或精铣加工后，利用刮刀刮除工件表面薄层的加工方法。刮削表面质量是用单位面积上接触点的数目来评定的。刮削表面接触点的

吻合度，通常用红丹粉涂色表示，以标准平板、研具或配研的零件来检验。

刮削一般又分为粗刮、精刮、精细刮及刮花。

（1）粗刮。

经过预加工或时效处理后的工件，表面上有显著的加工痕迹，或刮削余量大于 0.04mm，此时则需进行粗刮。

（2）精刮。

粗刮后，表面的波度相差仍很大，用涂色显示后，吻合的斑点少面疏，分布也均匀，这时需要进行精刮。如 300mm×500mm 的平板经精刮后，直线度误差可达 0.005mm/m。

（3）精细刮。

精刮后进行精细刮，可以提高表面质量，但对尺寸精度的影响却很小。重要的工件精细刮时要保持一定的温度。

（4）刮花。

刮花是为了美观或用以储存润滑油，对提高表面质量作用不大。在使用中也可借刮花的消失来判别平面的磨损程度。

经过刮花后的平面，检验粗刮、精刮、精细刮表面质量显示点的标准是在 25mm×25mm 内的接触点分别为 2～3 点、12～15 点、20～25 点以上。刮削过的表面，应有与网纹相似的细致而均匀的纹路，但不应有任何刮伤和刀痕。刮削的花纹如图 6－4 所示。

  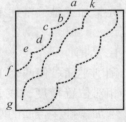

（a）斜纹花　　　　　　　（b）鱼鳞花　　　　　　　（c）半月花

图 6－4　刮削的花纹

刮削的最大优点是不需要特殊设备和复杂的工具则能达到很高的精度和很细的表面粗糙度，且能加工很大的平面。但生产率很低、劳动强度大、对操作工人的技术要求高，目前趋向采用机动刮削的方法来代替繁重的手工操作。

刮削有如下特点：

（1）刮削质量高。

刮削前的平面经过精加工，留给刮削的余量较小，一般为 0.05～0.40mm。对于刮削加工，切削用量小，切削力小，切削热少，故工件变形小。另外，刮削时工件表面多次反复地受到刮刀的推挤和压光作用，不仅使工件表面组织变得紧密，而且表面粗糙度 R_a 小（$0.8 \sim 0.2 \mu m$），平面的直线度可达 $0.01 mm/m$ 或更高。经过刮花的平面表面形成比较均匀的微浅凹坑，可在有相对运动的两平面间形成储油空隙，减少摩擦，提高工件的耐磨性。

（2）设备和工具费用低。

刮削所用刮刀、研点和检验工具比较简单。

（3）生产率较低。

因刮削属于手工操作，刮削、研点及检验过程需多次反复进行，所以生产率低，劳动强度大，常用于单件、小批生产和维修中刮削未淬硬、要求高的固定连接平面、导轨面及大型精密平板和直尺等。在大批量生产中，多由专用磨床磨削和宽刃精刨代替刮削。

2. 研磨

研磨平面的工艺特点和研磨外圆相似，并可分为手工研磨和机械研磨。研磨是平面的光整加工。研磨后两平面的尺寸精度可达 IT5 $\sim$ IT3，表面粗糙度 R_a 可达 $0.1 \sim 0.006 \mu m$，还可以提高平面的形状精度。

平面的研磨余量，可参考表 6-2。

表 6-2 平面的研磨余量

平面宽度 \ 平面长度	研磨余量		
	≤25	26 ~ 75	76 ~ 150
≤25	0.005 ~ 0.007	0.007 ~ 0.010	0.010 ~ 0.014
26 ~ 75	0.007 ~ 0.010	0.010 ~ 0.014	0.014 ~ 0.018
76 ~ 150	0.010 ~ 0.014	0.014 ~ 0.018	0.020 ~ 0.024
151 ~ 260	0.014 ~ 0.018	0.020 ~ 0.024	0.024 ~ 0.030

注：经过精磨的工件的手工研磨余量，每面为 $3 \sim 5 \mu m$；机械研磨余量，每面为 $5 \sim 10 \mu m$。

（1）研具和研磨剂。

研磨平面的研具平板分为有槽和光滑两种。有槽平板用于粗研，工件易被压平，不致产生凸弧面；光滑平板则用于精研。研磨剂与研磨外圆和孔时所使用的相同。

（2）研磨平面的方法。

手工研磨平面必须备有准确的研磨板、合适的研磨剂，并需要有正确的操作技术。为了提高工件的研磨质量，研磨运动方向应不断地改变，以保证砂粒经常从新的方向上起刮削作用。这样研磨纹路纵横交错不会重复，粗细深浅相互抵消。研磨时工件应按"8"字形轨迹运动，运动应平稳一致。研磨一定时间后，将工件调转 $90°$ 再研磨，以防止研磨时用力不均匀而使工件产生倾斜。但手工研磨生产效率低，而且要求有较高的操作技术。研磨过程中，研磨压力和速度应适当，如压力过大，表面粗糙度 R_a 值则大，甚至会因磨料压碎而划伤工件表面。一般在研磨小而硬的工件或粗研时，可用较大压力、较低速度进行，而研磨大工件或精研时应用较小的压力、较快的速度进行。若工件发热，应暂停研磨，避免工件热变形而影响研磨精度。

机械研磨适用于加工中小型工件的平行平面，其加工精度和表面粗糙度由研磨设备来控制。机械研磨的加工质量和生产率比较高，常用于大批量生产。

研磨常用来加工平尺及量块的精密测量平面。单件、小批生产一般用手工研磨，大批量生产多用机器研磨。

6.3 平面加工方案的选择

平面的各种加工方案能达到的经济精度和表面粗糙度可参考图 6-5（框图中 R_a 的单位为 μm）。同时，还应考虑毛坯种类、余量、加工表面形状及产量等情况。由此可大致归纳出平面加工工艺方案的选择方法。

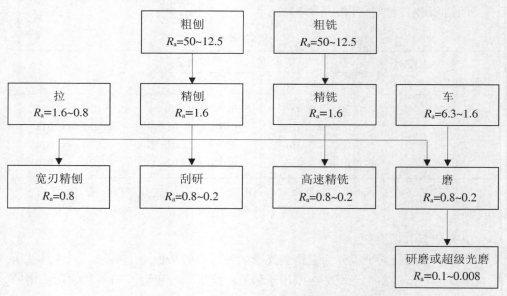

图 6-5 平面加工方案参考框图

粗加工：成批、大量生产大多采用粗铣，以提高效率。单件、小批生产或平面的加工，常用粗刨，因为这样操作简单，调整方便。毛坯精度较高，余量较小（例如冲压件、精密铸件、平整的钢板），则可直接采用粗磨。与圆柱面相垂直的平面，一般都和圆柱面在同一工序中加工。

精加工：粗加工后接下去的精加工往往和粗加工采用同一加工方法，但要减少切削用量，以达到"渐精"的目的。

光整加工：主要根据精度要求、材料性质和淬火与否而定。淬火后一般用磨削，不淬火的导轨面则可用细刨或磨削，也可用刮研；加工内平面时，若批量小，则用插削，批量大则用拉削，精度要求很高时则用研磨；只要求表面粗糙度不要求精度时用抛光加工。

常见的加工方案如表6-3所示。

表6-3 常见的平面加工方案

序号	加工方案	适用范围	可达精度、粗糙度
1	粗刨或粗铣	加工低精度的平面	$R_a 50 \sim 12.50 \mu m$
2	粗铣（刨）—精铣（刨）—刮研	用于精度要求较高且不淬硬的平面，若平面的精度较低时，可以省去刮研加工	$R_a 0.8 \sim 0.2 \mu m$
3	粗铣（刨）—宽刃精刨	加工大型工件上狭长的精密平面（如导轨平面等），而车间又缺少导轨磨床时，多采用	$R_a 0.8 \mu m$
4	粗铣（刨）—精铣（刨）—磨	多用于加工精度要求较高且淬硬的平面，对于不淬硬的钢件或铸铁上较大平面的精加工，往往也采用此方案；不适宜精加工塑性大的有色金属工件	$R_a 0.8 \sim 0.2 \mu m$
5	粗铣精铣—高速精铣	最适用于高精度有色金属工件	$R_a 0.8 \sim 0.2 \mu m$
6	粗车—精车	主要用于加工轴、套、盘等类工件的端面。大型盘类工件的端面，一般在立式车床上加工	$R_a 6.3 \sim 1.6 \mu m$

在确定平面加工方案时，除了应考虑平面的技术要求外，还要考虑生产类型、零件的结构尺寸、工件材料及热处理等因素。图6-6列出了平面的典型加工方案，图框中精度为平面的尺寸精度，表面粗糙度 R_a 单位为 μm。

（1）粗刨、粗车、初磨、粗铣和粗插主要用于加工非接触平面。

（2）粗刨—精刨—刮研，此方案适合加工未淬硬的各种导向平面，例如机床的导轨面。生产批量较大时，可以采取宽刃细刨代替刮研。但多数导轨面需淬火，故应精刨、淬火后在导轨磨床上进行精磨。

（3）粗车—半精车—磨削，此方案适合盘套类和轴类件端面的加工，容易保证端面之间及端面与其他表面之间的位置精度。不论零件是否淬火，此方案都适宜，但淬火应安排在半精车之后，这种方案适合各种生产类型。

（4）粗磨—半精磨—精磨，此方案适合毛坯精度较高、余量较小的淬火或非淬火件的加工，如淬火薄片件的加工最适宜选择本方案。

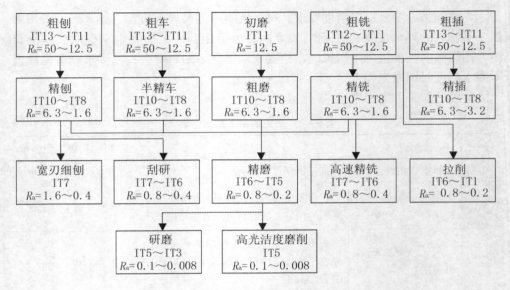

图6-6 平面加工方案

（5）粗铣—精铣—高速精铣，此方案适合非铁金属零件大平面的加工。因刨削易扎刀，磨削易堵塞砂轮，均难以保证质量。对于铸铁及钢件，无论淬火与否，可在精铣后安排磨削加工，箱体、支架类零件的固定连接平面多采用此方案。

（6）粗插—精插，主要适合单件、小批生产中方孔、花键孔等内平面的加工，生产率要求较高，可在粗插后安排拉削。拉削还可以加工面积不大的外平面，此方案只适合未淬火件的加工。

（7）对于精度要求更高、表面粗糙度 R_a 值更低的平面，可以在上述方案后安排研磨。

6.4 薄片工件的加工

薄片工件在加工时由于刚性差、散热困难，往往会产生翘曲现象。而且由于工件经过热处理后通常会发生弯曲变形，因此薄片工件的装夹是加工过程中的一个重要的问题，它将直接影响到加工后工件的变形和加工精度。

通常是将薄片工件置于磁性工作台上，因为这样可大大简化工件的装卸工件。当把变形的工件置于磁性工作台上后，工件受磁性吸引而紧贴于工作台上，加工后的表面是平直的；当加工完毕去掉磁性后，由于弹性变形的恢复会使工件又产生弯曲。刚性较好的工件，可经过多次安装将两平面反复磨削，最后获得较精密的平面。但是，刚性差的工件，即使如此，也难以获得精确的平面。要消除上述缺点，可采取以下措施：

1. 垫弹性垫片

在工件与磁性工作台之间垫一层约 0.5mm 厚的橡胶，当工件受到磁性吸引时，橡胶被压缩，使工件的弹性变形减少，磨出的平面比较平直。将工件反复翻转磨削多次，平面度基本上达到要求后，再直接放在磁性工作台上磨削，使工作达到图样上的平面度和尺寸精度要求。

2. 机械夹持

用平口钳将工件夹住，借磁性工作台把小型平口钳吸住。由于平口钳有一定高度，因此钳口上受磁力影响较小。当用很小的背吃刀力量逐渐将工件磨平后，取下工件，把已磨好的平面直接放在磁性工作台上，再磨其反面。

3. 真空夹持

真空夹持是利用封闭腔内的真空吸紧工件的，实质上是利用大气的压力来夹紧薄片工件的。夹具体上有橡胶密封圈，当把工件放在密封圈上后，工件与夹具体之间就形成密闭腔，然后通过通道孔用真空泵将腔内空气抽出，工件便被吸紧。

由于夹紧薄片工件的力较小，故一般采用圆周磨削方法或采用其他切削力较小的机械加工方法来加工。

任务七　圆柱面加工

请你思考：

你见过的圆柱面零件有哪些？

圆柱面零件如何选用加工方法？

圆柱面零件的结构特征是什么？

圆柱面的类型有哪些？

一起来学：

➡ 圆柱面加工。

➡ 圆柱面加工方案的分析及选择。

组成零件的表面主要有外圆面、孔面、平面、成形面、螺纹表面和齿轮齿面等。零件使用性能的发挥要求上述表面应具有一定的形状和尺寸，同时还要求达到一定的技术要求，如尺寸精度、形状精度、相互间位置精度和表面质量等。

工件表面的加工进程就是获得符合要求的零件表面的过程。由于零件的结构特点、材料性能和加工要求的不同，所采用的加工方法也不一样。在选择某一表面的加工方法时，应遵循表面加工要分阶段进行，所选加工方法与零件材料切削加工性及生产类型相适应，所选加工方法的经济精度及表面粗糙度与加工表面的要求相适应，以及多种加工方法相配合等原则进行。

7.1　外圆加工

圆柱形表面是组成零件的基本表面，是轴类件、盘套类件的主要表面或辅助表面。外圆加工在零件加工中占有相当大的比例。车削、磨削及研磨、超精加工、抛光等光整加工是外圆的主要加工方法。

1. 车削外圆

车削是外圆加工的主要加工方法。车削时工件旋转为主运动，刀具直线移动为进给运动。车外圆可在不同类型车床上进行。单件、小批生产中，各种轴、盘、套等类的中小型零件，多在卧式车床上加工；生产率要求高、变更频繁的中小型零件，可选用数控车床加工；大型圆盘类零件（如火车轮、大型齿轮等），多用立式车床加工；成批或大批生产的中小型轴、套类件，则广泛使用转塔车床、多刀半自动车床及自动车床进行加工。

由于车刀的几何角度不同和切削用量不同，车削可以获得不同的精度和表面粗糙度，故车外圆可分为粗车、半精车、精车和精细车。

粗车以提高生产率为主要目的，对加工质量无太高要求，多使用切削部分强度高的外圆车刀，以较大的背吃刀量、较大的进给量和较低的切削速度尽快地从毛坯上切去大部分多余的金属层。粗车的尺寸精度可达 IT13 ~ IT11，表面粗糙度 R_a 为 50 ~ 12.5μm。

半精车的目的是提高精度和降低表面粗糙度，可作为中等精度外圆的终加工，亦可作为精加工外圆前的预加工。半精车的背吃刀量和进给量较粗车时小。半精车的尺寸精度可达 IT10 ~ IT9，表面粗糙度 R_a 为 6.3 ~ 3.2μm。

精车的主要目的是保证零件所要求的精度和表面粗糙度。一般以较小的背吃刀量、较小的进给量高速或低速进行精车。精车的尺寸精度可达 IT8 ~ IT7，表面粗糙度 R_a 为 1.5 ~ 0.8μm。

精细车一般适合技术要求高的有色金属零件的加工，是代替磨削的光整加工。精细车所用机床应有很高的精度和刚度，多使用切削部分经仔细刃磨的金刚石车刀。车削时采用小的背吃刀量（$a_p \leqslant 0.03 ~ 0.05$mm）、小的进给量（$f = 0.02 ~ 0.2$mm/r）和高的切削速度（$v_c \geqslant 2.6$m/s）。精细车的尺寸精度可达 IT6 ~ IT5，表面粗糙度 R_a 为 0.4 ~ 0.1μm。

车削外圆的工艺特点为生产效率高，刀具制造、刃磨、安装方便，生产成本低，一次装夹中车出外圆、内孔、端平面、沟槽等，容易保证各加工面间的位置精度。

2. 磨削外圆

磨削是外圆精加工的主要方法，多作为半精车外圆后的精加工工序。模锻、精密冷轧的毛坯，因加工余量小，也可不经车削，直接磨削加工。

由于砂轮粒度及采用的磨削用量不同，磨削外圆的精度和表面粗糙度也不同。磨削可分为粗磨和精磨，粗磨外圆的尺寸精度可达 IT8 ~ IT7，表面粗糙度 R_a 为 1.6 ~ 0.8μm；精磨外圆的尺寸精度可达 IT6，表面粗糙度为 0.4 ~ 0.2μm。外圆磨削多在外圆磨床上进行，有纵磨法、横磨法和深磨法三种方式，此外，也可在无心磨床上进行无心磨削。随着科学技术的发展，许多先进的磨削形式如高速磨削、强力磨削、砂带磨削也在生产中得到应用和发展。

磨削外圆的工艺特点如下所述：

（1）精度高，表面粗糙度 R_a 小。

磨床精度高，刚性及稳定性好，磨床的精密进给机构可以把背吃刀量 a_p 控制得很小，从而实现微量切削；另外，砂轮工作表面随机分布着稠密而锐利的磨粒，当砂轮高速旋转时，每个磨粒仅从工件上切下一层细微的切屑，使工件表面残留面积很小。

（2）磨削温度高。

磨削时，一是因为砂轮工作表面带负前角的磨粒高速切削金属，切削挤压力增大，切削层变形速度很高；二是砂轮传热性差，致使磨削区温度高，瞬时温度高达 $800 \sim 1\,000\,℃$。磨削高温容易烧伤工件表面，不仅使金相组织变化，降低表面硬度，还会在工件表层产生残余应力及微细裂纹，降低零件的表面质量和使用寿命。

为减少磨削高温的影响，应向磨削区域加注大量的切削液。切削液的冷却、润滑作用，不仅可以降低磨削温度，还可以冲掉细碎的切屑和碎裂及脱落的磨粒，避免堵塞砂轮孔隙，提高砂轮的寿命。

（3）适宜磨削高硬度材料。

由于砂轮的磨粒具有很高的硬度、耐热性及一定的韧度，所以磨削不仅能加工钢件、铸铁件，还能加工淬硬钢件和硬质合金、宝石、玻璃等硬脆性材料。但对于塑性较大的某些铜、铝等非铁金属屑，由于切屑易堵塞砂轮孔隙，一般不宜采用磨削加工。

（4）背向力（径向力）F_p 大。

磨削时，砂轮与工件的接触宽度大，且磨粒多以负前角切削，致使背向力 F_p 较刀具切削时大。较大的背向力会使刚性差的工艺系统产生变形，影响加工精度。例如用纵磨法磨削细长轴的外圆时，较大背向力使工件翘曲而成腰鼓形。为此，需最后进行多次光磨，逐步消除变形。

3．研磨外圆

研磨是用研磨工具和研磨剂从工件上研去一层极薄表面层的精加工方法。研磨外圆尺寸精度可达 IT6 $\sim$ IT5，表面粗糙度 R_a 可达 $0.1 \sim 0.008\,\mu m$。研磨时，研具以一定的压力作用于工作表面，二者作复杂的相对运动，靠研磨剂的机械及化学作用从工件表面切除一层极微薄的金属层，从而获得高精度和低的表面粗糙度。

研具的材料应比工件材料软，以使磨料部分嵌入研具表面，对工件表面进行切削和挤压摩擦。研具材料还应组织均匀，具有耐磨性，以使其磨损均匀，保持原有的几何形状精度。常用研具材料有铸铁、软钢、黄铜、塑料、硬木等。研磨主要有手工和机械两种研磨方法，具有方法简单，能提高形状、尺寸精度，降低表面粗糙度，加工范围广，金屑切除率低等特点。

4．抛光外圆

加工抛光是利用机械、化学或电化学的作用，使工件获得光亮、平整表面的加工方法。

抛光轮用棉织品、皮革、毛毡、橡胶或压制纸板等材料叠制而成，具有一定弹性，抛光膏由磨料和油脂（硬脂酸、石蜡、煤油）调制而成。抛光时，由于工件表面与抛光膏的化学作用而形成一层极薄的软化氧化膜，其中的磨料一般比工件材料软。因此，工件表面不留划痕。另外，高速抛光产生的高温使工件表面出现极薄的熔流层，工件表面的微观凹谷被其填平。

抛光工艺的特点如下：

（1）方法简便、成本低。

抛光一般不用复杂、特殊设备，加工方法简单、成本低。

（2）适宜曲面的加工。

由于弹性的抛光轮压于工件曲面时能随工件曲面而变形，即与曲面相吻合，所以容易实现曲面的抛光。

（3）不能提高加工精度。

由于抛光轮与工件之间无刚性的运动联系，又因抛光轮的弹性，所以不能保证从工件表面去除均匀的材料，而只能降低表面粗糙度，不能提高加工精度。因此，抛光仅限于某些制品表面的装饰加工，或者作为产品电镀前的预加工。

7.2　外圆加工方案的分析及选择

外圆加工方法有很多，应根据外圆的具体要求拟定合理的加工方案。外圆的典型加工方案可分为如下几种（如图 7 - 1 所示）。框图中表面粗糙度 R_a 的单位为 μm。

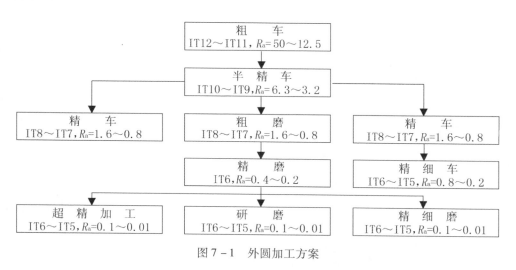

图 7 - 1　外圆加工方案

（1）粗车。尺寸精度低于 IT11、表面粗糙度 R_a 大于 $12.5\mu m$ 的各种材料的外圆仅粗车即可。

（2）粗车—半精车。此方案适合于尺寸精度为 IT10 ～ IT9、表面粗糙度 R_a 为 $6.3 ～ 3.2\mu m$，且表面未淬火的钢件及其他材料的外圆面的加工。

（3）粗车—半精车—精车。此方案比方案（2）提高了加工精度，改善了表面结构。

（4）粗车—半精车—精车—精细车。此方案适宜于尺寸精度为 IT6、表面粗糙度为 $0.8 \sim 0.2\mu m$ 的非铁金属件外圆面的精加工。

（5）粗车—半精车—磨削。此方案除不宜加工非铁金属件外，可加工淬火或未淬火钢件、铸铁件的外圆面。当尺寸精度为 IT6、表面粗糙度 R_a 为 $0.4 \sim 0.2\mu m$ 时，可在半精车之后安排粗磨—精磨。一般在磨削前不安排外圆面的精车。若外圆面需淬火，淬火应安排在车削之后、磨削之前。当尺寸精度为 IT6 以上、表面粗糙度 R_a 在 $0.1\mu m$ 以下时，可在精磨后安排研磨或超精加工。

（6）对于需电镀或有装饰要求的外圆面，可在精车及磨削后进行抛光。

任务八　孔和孔系加工方法

请你思考：

你见过的有孔的零件有哪些？

孔类零件如何选用加工方法？

有孔零件的结构特征是什么？

孔的类型有哪些？

一起来学：

➡ 常用孔加工的方法。

➡ 孔加工方案的选择。

8.1　概　　述

孔是组成零件的基本表面之一。在机械产品中，带孔零件一般占零件总数的 50%～80%。根据孔的用途和所在零件上的位置，可分为以下几种（见图 8 – 1，图 8 – 2）。

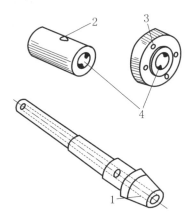

图 8 – 1　回转体零件上的孔

1—主轴锥孔；2—油孔；

3—螺栓过孔；4—轴心孔

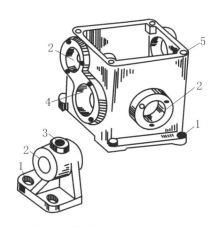

图 8 – 2　箱体及支架类零件上的孔

1—螺栓过孔；2—轴承孔；

3—油孔；4—轴套孔；5—螺栓孔

113

（1）紧固孔和辅助孔。常见的紧固孔和辅助孔分别为螺栓孔、螺钉孔和油孔、通气孔。它们的尺寸精度通常为 IT12～IT11，表面粗糙度 R_a 为 12.5～6.3μm，技术要求较低。

（2）回转体零件的轴心孔。如套筒、法兰盘、齿轮上与轴配合的孔。它们的尺寸精度、形状精度、位置精度、表面粗糙度一般都有较高的要求。例如，齿轮轴心孔的尺寸精度多为 IT8～IT6，表面粗糙度 R_a 为 1.6～0.4μm。

（3）箱体及支架类零件的轴承孔。这类孔同样要求较高的尺寸精度、形状精度、位置精度和表面粗糙度，此外，箱体类零件往往有许多轴承孔（孔系），而这些孔的相互位置精度均有相当严格的要求。例如，机床主轴箱轴承孔之间的孔距公差一般为 0.055～0.12mm，平行度公差要求小于孔距公差值。

（4）深孔。指 L/D（孔深与孔径之比）大于 5 的孔。如车床主轴上的轴向通孔等。

（5）圆锥孔。如车床主轴前端的锥孔及装配用的定位销孔等。

孔加工的方法较多，常用的有钻、扩、铰、镗、磨、拉、研磨和珩磨等。

8.1.1　钻孔

钻孔是用钻头在实体材料上加工孔的方法，应用很广。钻孔多在钻床和车床上进行，也可在镗床或铣床上进行。

1. 钻孔的工艺特点

（1）钻头引偏。钻头细长，刚度差，刃带与孔壁的接触刚度和导向作用很差，易引起钻孔后孔径扩大、孔歪斜、孔不圆等缺陷，通常称为"引偏"。

钻头横刃处的前角为很大的负值，且横刃是一小段与钻头轴线近似垂直的直线刃，因此钻头切削时，横刃实际上不是在切削而是在挤刮金属，导致横刃处的轴向分力很大。横刃稍有偏斜，将产生相当大的附加力矩，使钻头弯曲。工件材料组织不均匀、加工表面倾斜等也会导致切削时钻头"引偏"。

此外，钻头的两条主切削刃制造和刃磨时，很难做到完全一致和对称，导致钻削时作用在两条主切削刃上的径向分力大小不一，也易"引偏"。

钻头引偏是导致加工精度下降的重要原因之一。实践中常采用如下措施使之改善。

①预钻锥形定心坑。用大直径、小锋角（90°～100°）短钻头预钻一个锥形坑起定心作用，然后再用所需钻头钻孔。

②用钻套为钻头导向。这可减少钻孔开始时钻头引偏，特别是在斜面或曲面上钻孔时尤为必要。

③刃磨时，尽量使两个主切削刃对称一致。

（2）排屑困难。钻削时切屑较宽，螺旋槽的容屑空间不够且排屑不畅，因此，在排屑过程中，切屑会摩擦、挤压、刮伤已加工的孔壁，降低表面质量。有时切屑还会被阻塞在钻头螺旋格内，卡住钻头，甚至将其扭断。

为解决排屑问题，较好的办法是在钻头上修磨出分屑槽，使宽的切屑分成窄条，以利排屑。

（3）冷却困难。与外圆车削不同，钻削属半封闭式切削，不仅切削液难以注入切削区实施有效的冷却和润滑，而且切削热难以散去，因此，钻削的切削温度高，刀具磨损快，限制了钻削用量及生产效率的提高。

综上所述，用标准钻头钻孔，加工精度和表面质量均不理想，精度为 IT13 ～ IT11，表面粗糙度 R_a 为 50 ～ 12.5μm。

2. 钻孔的应用

钻孔属于粗加工，可用于质量要求不高的孔的终加工，如螺栓过孔、油孔等；也可用于技术要求高的孔的预加工或攻螺纹前的底孔加工。钻孔适于单件、小批生产，也适于成批、大量生产，在生产中应用很广。

8.1.2　扩孔

扩孔是用扩孔工具扩大工件已有孔径（钻出、铸出或锻出的孔）的加工方法。扩孔能提高孔的加工精度，并降低表面粗糙度。

8.1.3　铰孔

铰孔是用铰刀从工件孔壁上切除微量金属屑层，以提高其尺寸精度和降低表面粗糙度的方法。一般尺寸精度可达 IT9 ～ IT7，表面粗糙度可达 1.6 ～ 0.4μm，应用很广，常用于扩孔或半精镗孔后的终加工。

铰刀分手用铰刀和机用铰刀两种。机用铰刀有直柄、锥柄和套式三种，多为锥柄。铰刀的刀体分为切削部分和修光部分。切削部分呈锥形，承担主要的切削工作。锥角 $2K_r$ 的大小对铰削轴向力和定位精度有影响，K_r 变小，则铰刀切削部分增长，定位精度提高，轴向切削力减少；缺点是切屑变宽，不利排屑。一般手用铰刀 $K_r = 30' ～ 1°30'$，机用铰刀 $f = 5° ～ 15°$；铰削塑性材料时取大值，铰削脆性材料取小值。因铰削余量小，前角作用不大，一般取 $r_0 = 0°$。为保证刀齿强度，一般取后角 $\alpha_0 = 5° ～ 8°$。

修光部分（修光刃）的作用是修光孔壁、校正孔径和导向。光刃的前半部分为圆柱部分，是真正起修光、校正和导向作用的部分，同时便于测量铰刀直径；后半部分为倒锥部分，其目的是减少铰刀与孔壁的摩擦和减少孔径扩大量。

8.1.4　镗孔

镗孔（或在车床上车孔）是用镗削方法扩大工件孔的方法，是常用的孔加工方法之一。对孔内环槽等内成形表面、直径较大的孔（$D > 80$mm），镗削是唯一适宜的加工方法。一般镗孔的尺寸精度为 IT8 ～ IT7，表面粗糙度 R_a 为 1.6 ～

$0.8\mu m$；精细镗时，尺寸精度为 IT7 ～ IT6，表面粗糙度 R_a 可达 $0.8 ～ 0.1\mu m$。

1. 镗刀及其镗孔的形式

在工程实践中，常使用单刃镗刀和浮动镗刀镗孔。

（1）单刃镗刀镗孔。

单刃镗刀的刀头结构与车刀类似。使用时，用紧固螺钉将其装夹在销杆上。单刃镗刀镗孔的工艺特点（与钻—扩—铰相比）如下：

①适应性广。单刃镗刀结构简单、使用方便，一把镗刀可加工直径不同的孔（调整刀头的伸出长度即可），粗加工、半精加工、精加工均可适应。

②可校正原有孔轴线的歪斜。镗床本身精度较高，镗杆直线性好，靠多次进给即可校正孔的轴线。

③制造、刃磨简单方便，费用较低。

④生产率低。镗杆受孔径（尤其是小孔径）的限制，一般刚度较差。为了减少镗孔时引起镗杆的振动，只能采用较小的切削用量；只有一个切削刃参与切削，需花时间调节镗刀头的伸出长度来控制孔径尺寸精度。

（2）浮动镗刀镗孔。

浮动镗刀在对角线的方位上有两个对称的切削刃（属多刃镗刀），两个切削刃间的尺寸 D 可以调整，以镗削不同直径的孔。

2. 浮动镗刀镗孔

浮动镗刀镗孔的工艺特点如下：

（1）加工质量较高。

镗刀的浮动可自动补偿因刀具安装误差或撞杆偏摆所产生的不良影响，精度较高，较宽的修光刃可修光孔壁，改善表面结构。

（2）生产率较高。

浮动镗刀镗孔有两个主切削刃参加切削，且操作简单，故生产率较高。

（3）刀具成本较单刃镗刀高。

（4）与铰孔相似，不能校正原有孔的轴线的歪斜。

镗床镗孔除适宜加工孔内环槽、大直径孔外，特别适于箱体类零件孔系的加工。镗床的主轴箱和尾座均能上、下移动，工作台能横向移动和转动，因此，放在工作台上的工件能在一次装夹中，把若干个孔依次加工出来，避免了因工件多次装夹产生的安装误差。

此外，装上不同的刀具，在卧式镗床上还可以完成钻孔、车端面、铣端面、车螺纹等多项工作。

8.1.5　磨孔

磨孔是用高速旋转的砂轮精加工孔的方法，其尺寸精度可达 IT7，表面粗糙度 R_a 可达 $1.6 ～ 0.4\mu m$。

磨孔是用磨削方法加工工件的孔。磨孔多在内圆磨床上进行，也可在外圆磨床上完成。

磨孔时，砂轮旋转为主运动，工件低速旋转为圆周进给运动（其旋转方向与砂轮旋转方向相反），砂轮直线往复为轴向进给运动，切深运动为砂轮周期性的径向进给运动。

在内圆磨床上，可磨通孔、不通孔，还可在一次装夹中同时磨出孔内的端面，以保证孔与端面的垂直度和端面圆跳动公差的要求。在外圆磨床上，除可磨孔、端面外，还可在一次装夹中磨出外圆，以保证孔与外圆的同轴度公差的要求。

8.1.6　拉孔

拉孔是用拉削方法加工工件上的孔。一般尺寸精度可达 IT7，表面粗糙度 R_a 可达 $0.8\sim0.4\mu m$。

用拉刀可以拉削各种截形的通孔，也可以拉削平面、沟槽等。

8.2　孔加工方案的选择

常用的孔加工方案如图 8－3 所示。图中所列是指在一般的加工条件下，各种加工方法所能达到的经济精度和表面粗糙度，框图中表面粗糙度 R_a 的单位为 μm。具体分析如下。

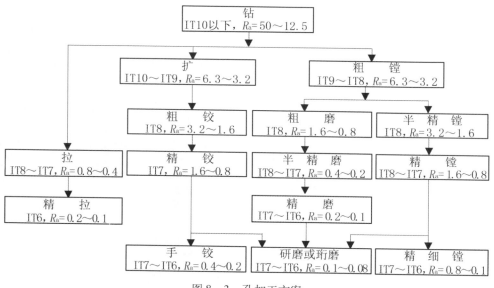

图 8－3　孔加工方案

（1）IT10 级以下的实体孔（淬火钢除外）。钻孔即可。

117

（2）IT9级实体孔。孔径小于10mm，可采用钻—铰；孔径小于30mm，可用钻模钻扎，或钻—扩；孔径大于30mm，一般采用钻—粗镗。

（3）IT8级实体孔。孔径小于20mm，可采用钻—铰。孔径大于20mm，可视具体情况选择如下方案：①钻—扩（或镗）—铰，此方案适用于除淬火钢以外的各种金属，但孔径不得大于80mm；②钻—粗镗—精镗；③钻—拉；④淬火钢的终加工采用磨削。

（4）IT7级实体孔。孔径小于12mm，一般采用钻—粗铰—精铰。孔径大于12mm，可视具体情况，选择如下方案：①钻—扩（或镗）—粗铰—精铰；②钻—拉（普通拉刀）—精拉（校正拉刀）；③钻—扩（或镗）—粗磨—精磨。

（5）IT6级实体孔。与IT7级孔的加工顺序大致相同，但最后工序要视具体情况分别采用精细镗、手铰、精磨、研磨、珩磨等精细加工方法。

（6）铸（成锻）件上已铸出（或锻出）的孔。这些孔一般均大于30mm，可直接扩孔或镗孔；孔径大于100mm的孔，更适于直接镗孔。后续半精加工、精加工等工序，可参照上述方案选用。

任务九　型面仿形加工方法

 请你思考：

你见过的型面零件有哪些？

型面零件常用的加工方法有哪些？

 一起来学：

➥ 型面零件的主要加工方法。

➥ 型面仿形加工方法。

9.1　概　　述

9.1.1　简介

随着产品性能要求的不断提高，对于由高硬度、高强度、高脆性等难加工材料制成的工件，以及精密细小、形状复杂和结构特殊的工件，用传统的加工方法难以达到高精度、细的表面结构和高生产率的要求。近几十年先后出现了一系列不使用刀具或磨料的或者虽用刀具或磨料但又同时利用热能、电能、光能、声能、化学能、电化学能等去除材料的新颖加工方法——特种加工。

所谓特种加工，是相对于一切传统的加工方法而言的。特种加工具有以下特征：

（1）加工用的工具硬度不必大于被加工材料的硬度。

（2）加工过程中工具和工件之间不存在显著的机械切削力，因此能够解决使用常规刀具和切削方法难以解决的加工问题。

目前，在我国机械制造生产中已应用的特种加工方法很多，按其能量来源和工作原理可以分为电火花加工、电解加工、激光加工。

9.1.2　型面的主要加工方法

型面的主要加工方法有刨削、铣削、磨削、拉削、光整及仿形加工等。具体加工某一零件上的某一型面时，应根据零件的结构、型面的位置和技术要求合理

119

地进行选择。下面重点介绍型面仿形加工，其他加工方法可参见相应的平面加工方法。

9.2　仿形加工

仿形加工是以预先制成的靠模为依据，加工时在一定压力作用下，触头与靠模工作表面紧密接触，并沿其表面移动，通过仿形机构，使刀具作同步仿形动作，从而在零件毛坯上加工出与靠模相同型面的零件。仿形加工是对各种零件，特别是模具零件的型腔或型面进行切削加工的重要方法之一。常用的仿形加工有仿形车削、仿形铣削、仿形刨削和仿形磨削等。仿形工作原理示意图如图 9 – 1 所示。

实现仿形加工的方法有多种，根据靠模触头传递信息的形式和机床进给传动控制方式的不同，可以分为机械式、液压式、电控式、电液式和光电式等。机械式仿形加工的精度较低，不适宜加工精度要求高的零件。

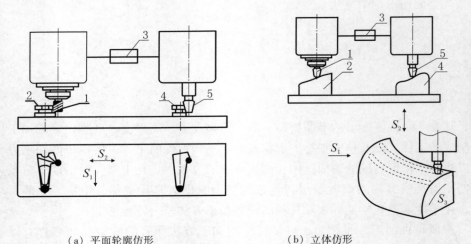

（a）平面轮廓仿形　　　　　　　　（b）立体仿形

图 9 – 1　机械仿形工作原理

1—铣刀；2—工件；3—中间装置；4—靠模；5—仿形触头

液压仿形车削示意图如图 9 – 2 所示。液压仿形具有结构简单、体积小而输出功率大的特点，且液压仿形装置没有传动间隙存在，因而其仿形精度要比机械式仿形精度高，一般在 $0.02 \sim 0.1$ mm。

电控仿形平削示意图如图 9 – 3 所示。电控式仿形的特点是：系统结构紧凑，传递信号快捷、准确、灵敏度高，仿形触头压力小（为 $1 \sim 6$ N），易于实现远距离控制，并可用计算机与其构成多工序连续控制的仿形加工系统。电控式仿形的仿形精度可达 $0.01 \sim 0.03$ mm。

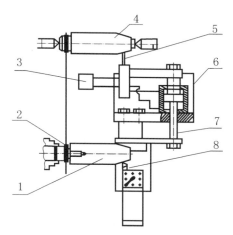

图9-2　液压仿形车削示意图

1—工件；2—链轮；3—液压系统；4—靠模；5—仿形触头；6—托板；7—活塞杆；8—车刀

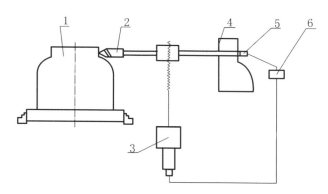

图9-3　电控仿形车削示意图

1—工件；2—车刀；3—电气控制系统；4—靠模；5—仿形触头；6—信号放大系统

1. 仿形车削

仿形车削主要用于形状复杂的旋转曲面如凸轮、手柄、凸模、凹模型腔或型孔的成形表面的加工。机械仿形车削示意图如图9-4所示。仿形车削加工设备主要有两类，一类是装有仿形装置的通用车床，另一类是专用仿形车床。仿形车削是平面轮廓仿形，需要两个方向的进给运动。一般仿形装置是使车刀在纵向进给的同时，又使车刀按照预定的轨迹横向运动，通过纵向与横向的运动合成，完成复杂旋转曲面的内、外型面加工。

2. 仿形铣削

仿形铣削主要用于加工非旋转体的复杂的成形表面的零件，如凸轮、凸轮轴、螺旋桨叶片、锻模、冷冲模的成形或型腔表面等，平面轮廓仿形铣削如图

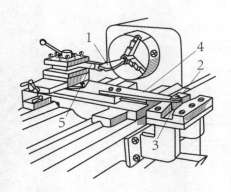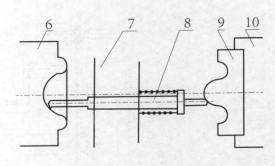

（a）靠板靠模仿形　　　　　　　　　（b）尾座靠模仿形

图9-4　机械式仿形车削

1—工件；2—靠模；3—滚柱；4—连接板；5—刀具；6—工件；7—板架；8—刀杆；

9—靠模；10—靠模支架

9-5所示。仿形铣削可以在普通立式铣床上安装仿形装置来实现，也可以在仿形铣床上进行。如图9-6、图9-7所示。

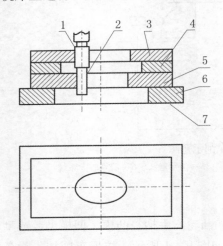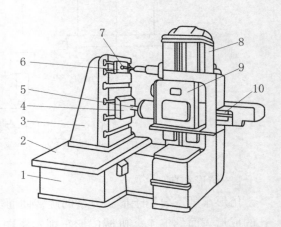

图9-5　平面轮廓仿形铣削

1—滚轮；2—铣刀；3—样板；

4—垫板；5—凹模；6—底；

7—工作台

图9-6　立体仿形铣床

1—床身；2—工作台；3—支架；4—工件；

5—铣刀；6—靠模；7—靠模销；8—立柱；

9—主轴箱；10—横梁

仿形铣床加工成形表面，生产率较高，铣削精度较高可达±0.01mm，表面粗糙度R_a达1.6～0.4μm，但是工件加工表面并不十分平滑，会留有刀痕。因此，铣削后仍需要钳工修整。

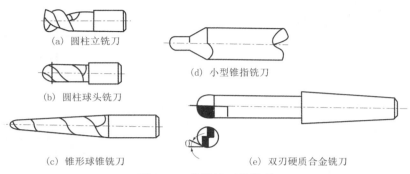

(a) 圆柱立铣刀

(d) 小型锥指铣刀

(b) 圆柱球头铣刀

(c) 锥形球锥铣刀

(e) 双刃硬质合金铣刀

图9-7　仿形铣刀的类型

3. 仿形刨削

仿形刨削在仿形刨床上进行。仿形刨床又称刨模机、冲头刨床，用于加工由直线和圆弧组成的各种形状复杂的零件或凸模，其加工精度为±0.2mm，表面粗糙度 R_a 为 1.6～0.4μm。仿形刨削刨刀的动作示意图如图9-8所示。

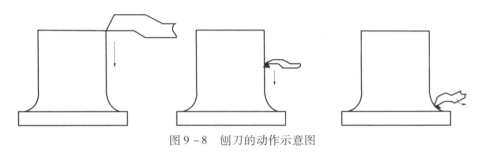

图9-8　刨刀的动作示意图

4. 雕刻加工

雕刻加工是对零件、模具型腔表面或型面上的图案花纹、文字和数字的加工。雕刻加工属于机械仿形加工，但与前面所述仿形加工不同。仿形加工是在各种机床上对零件或模具的型腔或型面进行的加工。雕刻加工不是直接作用式机械仿形加工，而是通过缩放尺寸进行仿形的。雕刻加工是在雕刻机上进行的。雕刻机加工示意图如图9-9所示。雕刻机是用于加工文字、数字、刻度以及各种凹凸图案花纹的专用机床，也可以用于小型模具型腔的加工。

雕刻机的种类很多，按其加工表面的类型可分为两种：一种是主要用于雕刻平面上文字、数字和图案的平面雕刻机；另一种是立体雕刻机，它除了可以进行平面雕刻外，还可以进行小型模具的三维立体型的雕刻。

5. 成形磨削

成形磨削是成形表面精加工的一种方法，磨削中常碰见的成形表面多为直母线成形表面，如样板、凸模、凹模拼块等。如图9-10至图9-15所示。成形磨削就是把复杂的成形表面分解成若干个平面、圆柱面等简单的形状，然后分段磨

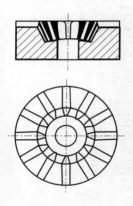
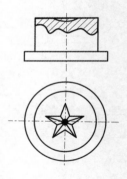
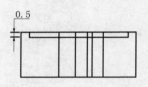

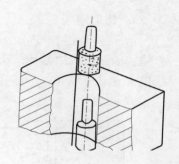

图 9-9　雕刻机加工的实例

削，并使其连接光滑、圆整，达到图样要求。成形磨削具有高精度、高效率的优点。在模具制造中，用成形磨削对淬硬后的凸模、凹模拼块进行精加工，可以消除热处理变形对精度的影响，提高模具制造精度，同时，可以减少钳工工作量，提高生产效率。

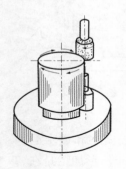
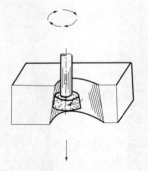
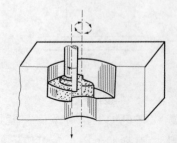

图 9-11　外圆磨削　　　　　图 9-12　锥孔磨削　　　　　图 9-13　端面磨削

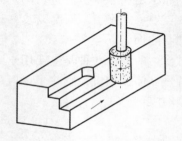
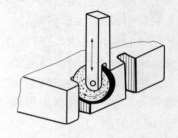

图 9-14　直线磨削　　　　　　　　　图 9-15　锄削

任务十　杆类零件的加工工艺方案

 请你思考：

你见过的模具的杆类零件有哪些？

模具的杆类零件如何选用加工方法？

模具的杆类零件有哪些结构特征？

 一起来学：

➥ 杆类零件的结构特点以及技术要求。

➥ 杆类零件的加工工艺方案。

10.1　概　　述

杆类零件是模具中结构零件之一。它的主要功能包括合模导向、推（顶）件、打（卸）料、拉料与复位、侧向分型与抽芯等。模具常见杆类零件如图 10 – 1 所示。

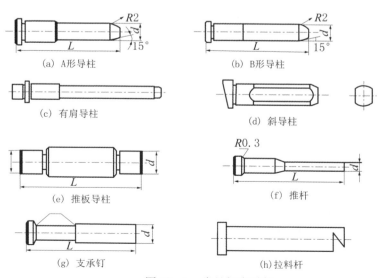

（a）A形导柱　　　（b）B形导柱

（c）有肩导柱　　　（d）斜导柱

（e）推板导柱　　　（f）推杆

（g）支承钉　　　（h）拉料杆

图 10 – 1　常见杆类零件

10.2 杆类零件的结构特点以及技术要求

杆类零件中与模板固定部分一般采用 m5 或 n6，间隙配合部分采用 f7、f6。杆类零件形状公差主要包括圆度、圆柱度等。杆类零件位置精度主要包括两段外圆柱的同轴度、轴线与支承面之间的垂直度等。杆类零件配合表面的粗糙度 R_a 为 $0.8 \sim 0.1 \mu m$。

杆类零件功能各异，选材与热处理要求各不相同。例如，对于导柱除了选用 T8A，或 T10A 热处理硬度为 $50 \sim 55HRC$ 外，还可选用 20 钢渗碳或冷拉钢棒，渗碳深 t 为 $0.5 \sim 0.8mm$，淬火、低温回火 $56 \sim 60HRC$。

模具的杆类零件主要结构是表面为不同直径的同轴圆柱表面。因此，毛坯一般都直接选用热轧钢棒或冷拉钢棒。当受力复杂时，才采用自由锻件。例如压铸模、注塑模中受力较大的斜导柱等通常采用自由锻件，以提高其抗拉、抗弯强度。

10.3 杆类零件的加工工艺方案

导柱、导套是模具的主要导向零件，其作用主要是保证模具中有相对运动零件的运动方向正确，且运动零件之间的相对位置准确。由于各类模具导柱的主要结构是表面为不同直径的同轴圆柱表面，因此，可依据导柱结构的具体尺寸和材料技术要求，直接选用适当尺寸的热轧圆钢为毛坯料。

关于导柱的制造，下面以塑料注射模具滑动式标准导柱为例（如图 10 - 2 所示）进行介绍。

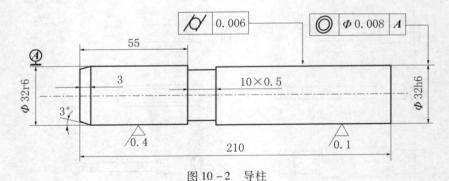

图 10 - 2 导柱

1. 导柱的结构工艺性分析

在机械加工过程中，除保证导柱配合表面的尺寸和形状精度外，还要保证各配合表面之间的同轴度要求。由于导柱的配合表面是容易磨损的表面，应有一定的硬度要求，所以在精加工之前要安排热处理工序，以达到要求的硬度。

2．导柱加工的技术要求分析

（1）主要表面及其加工方案。

导柱的加工表面主要是外圆柱面，目前外圆柱面的机械加工方法很多，主要加工方法为车、磨。导柱的制造过程为：备料→粗加工→半精加工→热处理→精加工→光整加工。

（2）定位基准的选择。

为符合基准重合、基准统一的原则，以两端的中心孔定位。

（3）热处理方法与工序的安排。

由于导柱材料为 T8A 钢渗碳，则热处理方法为淬火、低温回火。其工序安排：粗加工→半精加工→淬火、低温回火→精加工。

（4）机械加工顺序的安排。

先车端面，打中心孔，从粗加工到半精加工，直至精加工，光整加工。

（5）加工阶段划分。

根据零件技术要求大致可划分成如下几个加工阶段：备料（获得一定尺寸的毛坯）阶段→粗加工和半精加工（去除毛坯的大部分余量，使其接近或达到零件的最终尺寸）阶段→热处理（达到需要硬度）阶段→精加工阶段→光整加工阶段（使某些表面的尺寸精度及粗糙度达到设计要求）。

3．导柱的制造工艺过程

导柱加工过程中的工序划分、工艺方法和设备选用是根据生产类型，零件的形状、尺寸、结构及工厂设备技术状况等条件决定的。不同的生产条件采用的设备及工序划分也不尽相同。导柱的加工工艺过程见表 10 - 1 所示。

表 10 - 1　导柱的加工工艺过程

工序号	工序名称	工序内容	定位基准	加工设备	备注
0	生产准备	领料，下料尺寸 215 × φ35，检查材料牌号			圆棒料
5	车削	①车端面，打中心孔 ②粗车外圆 φ33 ③切断 ④车另一端面，保持总长，打中心孔 ⑤粗车外圆 φ3h12	棒料外圆	卧式车床	
10	车削	①半精车外圆 ②切槽 ③一端倒圆，另一端倒角	中心孔定位	卧式车床	
15	热处理	淬火、低温回火 58～62HRC			

127

续表 10－1

工序号	工序名称	工序内容	定位基准	加工设备	备注
20	车工	修研中心孔			
25	磨削	粗磨外圆按 $\phi32H6$、$R_a0.8\mu m$	中心孔	万能外圆磨床	
30	磨削	精磨外圆	中心孔	万能外圆磨床	
35	钳工	研磨			
40	检验				

在导柱加工过程中为了保证各外圆柱面之间的位置精度和均匀的磨削余量，对外圆柱面的车削和磨削一般采用设计基准和工艺基准重合的两端中心孔定位。因此，在半精车削和磨削之前需先加工中心孔，为后续工序提供可靠的定位基准。中心孔加工的形状精度对导柱的加工质量有着直接影响。为保证中心孔与顶尖之间的良好配合，导柱中心孔在热处理后需修正，以消除热处理变形和其他缺陷，使磨削外圆柱面时能获得精确定位，保证外圆柱面的形状和位置精度。

中心孔的钻削和修正，是在车床、钻床或专用机床上按图纸要求的中心定位孔的型式进行的。图 10－3 为在车床上修正中心孔示意图。首先用三爪卡盘夹持锥形砂轮，在被修正中心孔处加入少许煤油或机油；然后手持工件，利用车床尾座顶尖支撑；最后利用车床主轴的转动进行磨削。此方法效率高、质量较好，但砂轮易磨损，需经常修整。

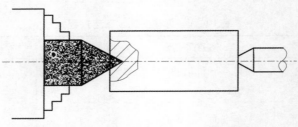

图 10－3　在车床上修正中心孔示意图

如果用锥形铸铁研磨头代替锥形砂轮，加研磨剂进行研磨，可达到更高的精度。

若采用硬质合金梅花棱顶尖修正中心定位孔的方法则效率高，但质量稍差。一般用于大批量生产，且要求不高的顶尖孔的修正。具体操作如下：首先将梅花棱顶尖装入车床或钻床的主轴孔内，然后利用机床尾座顶尖将工件压向梅花棱顶尖，最后通过硬质合金梅花棱顶尖的挤压作用，修正中心定位孔的几何误差。

任务十一　套类零件的加工工艺方案

请你思考：

你见过的模具套类零件有哪些？

模具套类零件如何选用加工方法？

模具套类零件有哪些结构特征？

一起来学：

➡ 套类零件的结构特点。

➡ 导套的加工工艺方案。

11.1　套类零件的结构特点

套类零件是机械产品中常见的一种零件，通常起支承或导向作用。它的应用范围很广。例如支承旋转轴上的各种形式的轴承、夹具上引导刀具的导向套、模具合模导向的导套等。

套类零件的结构特点：零件主要加工表面为同轴度要求较高的内外旋转表面，零件壁厚较薄易变形，零件长度一般大于直径等。

导套、护套及套类凸模均属套类零件，其加工工艺基本相同。

导套和导柱一样，是模具中应用最广泛的导向零件。构成导套的主要表面是内、外圆柱表面，可根据其结构形状、尺寸和材料的要求，直接选用适当尺寸的热轧圆钢为毛坯。

在机械加工过程中，除了要保证导套配合表面的尺寸和形状精度外，还要保证内外圆柱配合表面的同轴度要求。由于导套的内表面和导柱的外圆柱面为配合面，使用过程中运动频繁，所以为保证其耐磨性，需有一定的硬度要求。因此，在精加工之前要安排热处理，以提高其硬度。

在不同的生产条件下，导套的制造所采用的加工方法和设备不同，制造工艺也不相同。现以图 11-1 所示的冲压模滑动式导套为例，介绍导套的制造过程。其中，如图 11-1 所示的冷冲模导套，材料 20 钢，渗碳深 t 是 0.8～1.2mm，淬火、低温回火 58～62HRC。

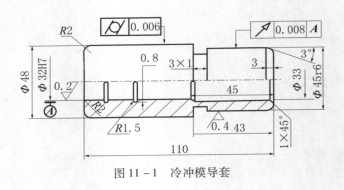

图 11 - 1　冷冲模导套

11.2　导套的加工工艺方案

1. 导套加工方案的选择

该零件也是典型的套类零件，主要加工方法为钻、镗、车、磨。根据图 11 - 1所示导套的精度和表面粗糙度要求，其加工方案可选择为：备料→粗加工→精加工→热处理→精加工→光整加工。定位基准采用内、外圆柱面互为基准。由于导套材料为 20 钢渗碳，则热处理为渗碳，淬火、低温回火。

2. 机械加工顺序安排

先车端面，再车作为定位基准的非配合的外圆柱面，然后钻孔、镗孔，再磨孔。其中，内孔的精加工应在外圆柱面精加工之后进行。

3. 加工阶段的划分

热处理前为粗加工、半精加工，热处理后为精加工。

4. 导套的加工工艺过程

冲压模导套的加工工艺过程如表 11 - 1 所示。

表 11 - 1　冲压模导套的加工工艺过程

工序号	工序名称	工序内容	定位基准	加工设备	备注
0	生产准备	领料，下料尺寸 215 × φ35，检查材料牌号		卧式车床	圆棒料 20 钢
5	车削	①车端面 ②车外圆 φ33 ②钻孔 ⑥切断总长按 113.5	外圆	卧式车床	
10	车削	④车另一端面，总长按 113 ⑤车内孔 ⑥半精车内孔	外圆	卧式车床	

工序号	工序名称	工序内容	定位基准	加工设备	备注
15	渗碳	渗碳层深 $t = 1.15 \sim 1.55$mm			
20	车削	车端面，去除渗层长 1.5mm			
25	车削	①车去另一端渗碳层，总长保持 110mm ②粗车、半精车 $\phi45$ ③切槽 ④倒角 3° ⑤车内孔 ⑥倒内角 $1 \times 45°$	外圆	卧式车床	
30	热处理	淬火、低温回火 58～62HRC			
35	磨削	粗磨内孔	外圆	万能外圆磨床	
40	磨削	精磨内孔	外圆	万能外圆磨床	
45	磨削	粗磨外圆	内孔	万能外圆磨床（配专用心轴）	
50	磨削	精磨外圆	内孔	万能外圆磨床（配专用心轴）	
55	钳工	研磨内孔、研磨内槽	中心孔	万能外圆磨床	
60	检验				

在磨削导套时正确选择定位基准，对保证内、外圆柱面的同轴度要求是非常重要的。对单件或小批量生产，工件热处理后在万能外圆磨床上利用三爪卡盘夹持外圆柱面，一次装夹后磨出外圆和内孔。这样可以避免多次装夹而造成误差，能保证内外圆柱配合表面的同轴度要求。对于大批量生产同一尺寸的导套，加工时可先磨好内孔，再将导套套装在专用小锥度磨削芯轴上，以芯轴两端中心孔定位，使定位基准和设计基准重合。借助芯轴和导套内表面之间的摩擦力带动工件旋转，磨削导套的外圆柱面，能获得较高的同轴度。这种方法操作简便、生产率高，但需制造专用高精度芯轴。

由于导套内孔的精度和表面粗糙度要求较高，所以对导套内孔配合表面进行研磨可进一步提高表面的精度和降低表面粗糙度，达到加工表面的质量和设计要求。

任务十二 板类零件的加工工艺方案

 请你思考：

你见过的模具板类零件有哪些？

模具板类零件如何选用加工方法？

模具板类零件有哪些质量要求？

 一起来学：

➧ 板类零件加工质量的要求。

➧ 冲压模座的加工工艺方案。

➧ 模板孔系的坐标镗削加工。

➧ 模板孔系的坐标磨削加工。

12.1 板类零件加工质量的要求

板类零件的种类繁多，模座、垫板、固定板、卸料板、推件板等均属此类。该类零件的几何形状特征一般为六面体，或近似六面体。功用往往是支承、固定、连接，或为模具型腔。在工艺上主要是进行平面及孔系的加工。

不同种类的板类零件其形状、材料、尺寸、精度及性能要求不同，但每一块板类零件都是由平面和孔系组成的。板类零件的加工质量要求主要有以下几个方面：

1. 表面间的平行度和垂直度

为了保证模具装配后各模板能够紧密贴合，对于不同功能和不同尺寸的模板其平行度和垂直度均按 GB 1184—80 执行。对于具体公差等级和公差数值应按冲模国家标准（GH/T 2851—2875—90）及塑料注射模国家标准（GB 41691—11—84）等加以确定。

2. 表面粗糙度和精度等级

一般模板平面的加工质量要达到 IT7 ～ IT8，$R_a = 3.2 \sim 0.8 \mu m$。对于平面为分型面的模板，加工质量要达到 IT7 ～ IT6，$R_a = 1.6 \sim 0.4 mm$。

3. 模板上各孔的精度、垂直度和孔间距的要求

常用模板各孔径的配合精度一般为 IT7 ～ IT6，$R_a = 1.6 \sim 0.4 \mu m$。对安装滑

动导柱的模板孔，轴线与上下模板平面的垂直度要求为 4 级精度。模板上各孔之间的孔间距应保持一致，一般误差要求在 ±0.2mm 以下。

12.2　冲压模座的加工工艺方案

1. 冲压模座加工的基本要求

为了保证模座工作时沿导柱上下移动平稳、无阻滞，模座上下平面应保持平行。上下模座的导柱、手套安装孔的孔间距应保持一致，孔的轴心线与模座的上下平面要垂直（对安装滑动导柱的模座其垂直度为 4 级精度）。

2. 冲压模座的加工原则

模座的加工主要是平面加工和孔系加工。在加工过程中为了保证技术要求和加工方便，一般遵循"先面后孔"的原则：模座的毛坯经过刨削或铣削加工后，再对平面进行磨削可以提高模座平面的平面度和上下平面的平行度，同时容易保证孔的垂直度要求。

上、下模座孔的镗削加工，可根据加工要求和工厂的生产条件，在铣床或摇臂钻等机床上采用坐标法或利用引导元件进行加工。批量较大时可以在专用镗床、坐标镗床上进行加工。为保证导柱、导套的孔间距离一致，在镗孔时经常将上、下模座重叠在一起，一次装夹同时镗出导柱和导套安装孔。

3. 获得不同精度平面的加工工艺方案

模座平面的加工可采用不同的机械加工方法，其加工工艺方案不同，获得加工平面的精度也不同。具体方案要根据模座的精度要求，结合工厂的生产条件等具体情况进行选择。

4. 加工上、下模座的工艺方案

上、下模座的结构形式较多，现以图 12－1 所示的后侧导柱标准冲模座为例说明其加工工艺过程。下模座的加工基本同上模座。

（1）结构工艺性分析。

该零件属于平板（块）类，主要加工内容为平面和孔系的加工。平面加工方法为刨、铣、磨；孔系加工方法为钻、镗或扩、铰或铣、磨等。

（2）其加工方案。

对于上、下平面采用粗刨（或粗铣）→精刨（或精铣）→平磨。对于孔采用钻→扩→粗铰→精铰；或钻→粗镗→半精镗→精镗。对于孔系应采用后一种，但要保证孔距间的位置精度。

（3）定位基准。

选择上（下）平面、相邻互相垂直的两侧面为定位基准面，即三基面体系定位，符合基准统一的原则。

（4）机械加工顺序。

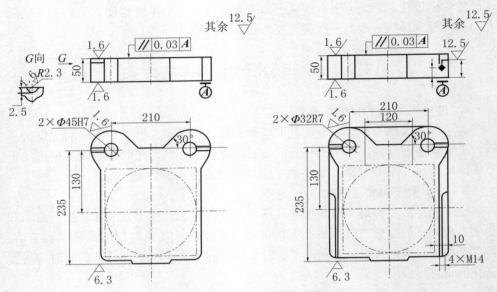

图 12-1 后侧导柱标准冲模座

机械加工顺序为先面后孔系。

（5）一般工艺路线。

铸造毛坯→时效处理→粗铣（或粗刨）上、下平面→粗铣平磨上、下平面→钻、镗孔系或钻→扩→铰（在加工中心）。

（6）加工上模座的工艺过程见表 12-3 所示。

表 12-3 加工上模座的工艺过程

工序号	工序名称	工序内容	定位基准	加工设备	备注
0	生产准备	领取毛坯，检查合格印，检查炉批号			铸件
5	刨（铣）削	粗刨或粗铣上、下平面，留磨量 0.4～0.5mm（单面）	上、下平面互为基准	牛头刨床（立式铣床）	
10	时效				
15	平磨	磨上、下平面	上、下平面互为基准	平面磨床	
20	铣削	铣削相邻侧面，对角尺		立式铣床	
25	钳工	①去毛刺 ②修锉侧面，对角尺 ③划孔位线			

工序号	工序名称	工序内容	定位基准	加工设备	备注
30	镗削	钻孔；粗镗、半精镗、精镗孔 $\phi32$；粗镗、半精镗、精镗孔 $\phi45$	上、下平面，相邻侧面	坐标镗床	
35	铣削	按图铣削上模座半圆弧横槽	上、下平面	立式铣床	
40	钳工	①去毛刺 ②划螺孔位置线 ③钻螺纹底孔 ④攻丝			
45	检验				
50	表面清理油封				

12.3　模板孔系的坐标镗削加工

由于模板的精度要求越来越高，某些模板类零件用普通机床加工已不能达到其加工要求，因此需要特别精密的机床进行加工。精密机床的种类很多，在模板类零件精密机械加工中广泛应用的是坐标镗床。

加工前，首先工件装夹要正确。在装夹时要确定基准并找正。根据模板的形状特点，其定位基准主要有以下几种：①工件表面上的线；②圆形工件已加工好的外孔或内孔；③矩形件或不规则外形工件已加工好的孔；④矩形件或不规则外形工件已加工好的相互垂直的面。工件的找正方法有多种，应根据零件及其要求和设备条件等选定。一般对圆形工件的基准找正是使其轴心线与机床主轴轴心线重合；对矩形工件是使其侧面与机床主轴轴心线对齐，并与工作台坐标方向平行。然后要确定坐标原点，并对工件已知尺寸进行坐标转换。

在模板已经安装的基础上，可按下述步骤进行坐标镗削加工：①确定各孔的位置；②在孔中心钻定心孔，以防直接钻孔时轴向力引起钻头的位置偏斜；③以定心孔定位钻孔，钻孔时应根据各个孔的直径按从大到小的顺序钻出所有的孔以减少工件变形对加工精度的影响；④镗孔。当工件直径小于 20mm，精度要求为 IT7 级以下，表面粗糙度 $R_a = 1.25\mu m$ 时，可以铰孔替镗孔。对于精度要求高于 IT7，表面粗糙度 $R_a = 1.5\mu m$ 的孔，在钻孔后应安排半精镗和精镗加工。

12.4　模板孔系的坐标磨削加工

坐标磨削加工和坐标镗削加工的有关工艺步骤基本相同。坐标磨削和坐标镗削加工一样,是按准确的坐标位置来保证加工尺寸精度的,只是将镗刀改成了砂轮。它是一种高精度的加工工艺方法,主要用于淬火或高硬度工件的加工,对消除工件热处理变形、提高加工精度尤为重要。坐标磨削范围较大,可以加工直径 $1 \sim 200$ mm 的高精度孔,加工精度可达 0.005 mm,表面粗糙度 R_a 可达 $0.32 \sim 0.08$ μm。坐标镗削对于位置、尺寸精度和硬度要求高的多孔、多型孔的模板和凹模,是一种较理想的加工方法。

1.　坐标磨床工件的定位和找正

坐标磨床工件的定位和找正方法与坐标镗床类似,常用的定位找正工具及其操作如下:

(1) 百分表找正。可用来找正工件基准侧面与主轴轴线重合的位置。

(2) 开口型端面规找正。找正工件基准侧面与主轴轴线重合的位置。

(3) 中心显微镜找正。找正工件侧基准面或孔的轴线与主轴轴线重合的位置可用中心显微镜。

(4) 芯棒、百分表找正。为找正孔位,可将与小孔相配的芯棒(如钻头柄等)插入小孔后再用百分表找正芯棒,使小孔和机床主轴轴线重合。

当工件侧基准面的垂直度低或工件的侧棱边不清晰时,找正工件基准侧面与主铀中心线重合还可用 L 形面规。

2.　坐标磨削方法

坐标磨床的磨削能完成 3 种基本运动,即砂轮的高速自转运动、行星运动(砂轮轴心线的圆周运动)及砂轮沿机床主轴轴线方向的直线往复运动,如图 12 -2所示。

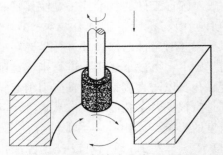

图 12 - 2　坐标磨床的磨削示意图

在坐标磨床上进行坐标磨削加工的基本方法有以下几种:内孔磨削、外圆磨削、锥孔磨削、综合磨削。

任务十三　滑块的加工工艺方案

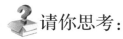**请你思考：**

你见过模具的滑块和斜滑块零件吗？

模具的滑块和斜滑块零件如何选用加工方法？

模具的滑块和斜滑块零件有哪些结构特征？

一起来学：

➡ 滑块的加工工艺方案。

➡ 导滑槽的加工工艺方案。

13.1　滑块的加工工艺方案

滑块和斜滑块是塑料注射模具、塑料压制模具、金属压铸模具等广泛采用的侧向抽芯及分型导向零件，其主要作用是侧孔或侧凹的分型及抽芯导向。工作时滑块在斜导柱的驱动下沿导滑槽运动。随模具不同，滑块的形状、大小也不同，有整体式也有组合式的滑块。

滑块和斜滑块多为平面和圆柱面的组合。斜面、斜导柱孔和成型表面的形状、位置精度和配合要求较高。加工过程中除保证尺寸、形状精度外，还要保证位置精度。对于成型表面还要保证有较低的表面粗糙度。滑块和斜滑块的导向表面及成型表面要求有较高的耐磨性，其常用材料为工具钢或合金工具钢，锻制毛坯在精加工前要安排热处理以达到硬度要求。

现以图 13 - 1 所示组合式滑块为例介绍滑块的加工过程。

1. 滑块加工方案的选择

图 13 - 1 所示滑块斜导柱孔的位置和表面粗糙度要求较低。孔的尺寸精度较低，所以主要还是要保证各平面的加工精度和表面粗糙度。另外，滑块的导轨和斜导柱孔要求耐磨性好，必须进行热处理以保证硬度要求。

滑块各组成平面中有平行度、垂直度的要求，对位置精度的保证主要是选择合理的定位基准：图 13 - 1 所示的组合式滑块在加工过程中的定位基准是宽度为 60mm 的底面和与其垂直的侧面，这样在加工过程中可以准确定位，装夹方便可靠。对于各平面之间的平行度则由机床运动精度和合理装夹保证。在加工过程中，各工序之间的加工余量根据零件的大小及不同加工工艺而定。经济合理的加工余量可查阅有关手册或按工序换算得出。为了保证斜导柱内孔和模板导柱孔的同轴度，可用模板装配后进行配作加工。内孔表面和斜导柱外圆表面为滑动接触，其粗糙度值要低并且有一定硬度要求，因此要对内孔研磨以修正热处理变形及降低表面粗糙度。斜导柱内孔的研磨方法基本同导套的研磨方法一样。

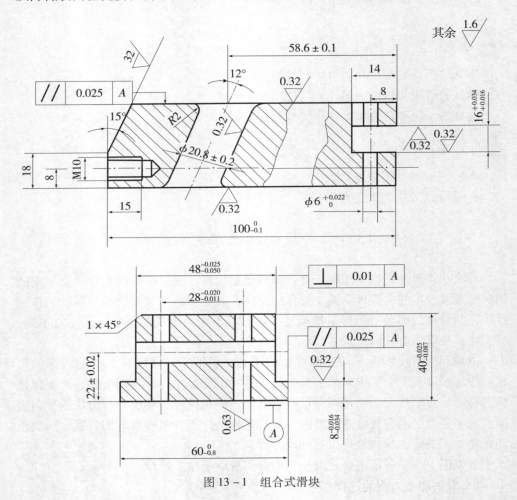

图 13 - 1　组合式滑块

2. 滑块加工工艺过程

根据滑块的加工方案，组合式滑块的加工工艺过程如表 13 - 1 所示。

表 13 - 1　组合式滑块的加工工艺过程

工序号	工序名称	工序内容	定位基准	加工设备	备注
0	备料	锻造毛坯			
5	热处理	退火后硬度≤280			
10	刨平面	刨上、下平面保证尺寸40.6； 刨削两侧面尺寸60，达到图纸要求； 刨削两侧面保证尺寸48.6和导轨尺寸8； 刨削15°斜面保证底面尺寸18.4； 刨削两端面保证尺寸101； 刨削两端面凹槽保证尺寸15.8，槽深达到图纸要求	刨床		
15	磨平面	磨上、下平面保证尺寸40.2； 磨两端面至尺寸100.2； 磨两侧面保证尺寸48.2	平面磨床		
20	钳工画线	画 ϕ20、M10、ϕ6 孔中心线； 画端凹槽线			
25	钻孔、镗孔	钻 M10 底孔并攻丝； 钻 ϕ20.8 斜孔至 ϕ18；镗 ϕ20.8 斜孔至尺寸，留研磨余量0.4； 钻 2 - ϕ6 孔至 ϕ5.9	立式铣床		
30	检验				
35	热处理	对导轨15°斜面、ϕ20.8 内孔进行局部热处理，保证硬度为 HRC53～58			
40	磨平面	磨上、下平面达到尺寸要求； 磨滑动导轨至尺寸要求； 磨两侧面至尺寸要求； 磨凹槽至尺寸要求； 磨斜角15°至尺寸要求； 磨端面尺寸	平面磨床		
45	研磨内孔	研磨 ϕ20.8 至要求（可与模板装配研磨）			
50	钻孔铰孔	与型芯配装后钻 2 - ϕ6 孔并配铰孔	钻床		
55	钳工装配	对 2 - ϕ6 孔安装定位销			
60	检验				

13.2　导滑槽的加工工艺方案

　　导滑槽是滑块的导向装置，要求滑块在导滑槽内运动平稳、无上下窜动和卡紧现象。导滑槽有整体式和组合式两种。结构比较简单，大多数都由平面组成，可采用刨削、铣削、磨削等方法进行加工。其加工方案和工艺过程可参阅板类零件和滑块加工的有关内容。

　　在导滑槽和滑块的配合中，上、下和左、右两个方向各有一对平面是间隙配合，它们的配合精度一般为 H7/f6 或 H8/f7，表面粗糙度 $R_a = 12.5 \sim 0.63\,\mu m$。导滑槽材料一般为 45、T8、T10 等，热处理硬度为 HRC52～56。

任务十四　凸模的加工工艺方案

请你思考:

你见过的凸模、型芯类模具零件有哪些?

凸模、型芯类模具零件如何选用加工方法?

凸模、型芯类模具零件的结构特征有哪些?

一起来学:

➥ 凸模、型芯的加工工艺方案。

➥ 凸模的其他加工工艺方案。

14.1　概　　述

凸模、型芯类模具零件是用来成型制件内表面的,它们和型孔、型腔类零件一样,是模具的重要成型零件,所以它们的质量直接影响着模具的使用寿命和成型制件的质量。一般来说,该类模具零件的质量要求较高。

由于成型制件的形状各异、尺寸差别较大,所以凸模和型芯类模具零件的品种也是多种多样的。按凸模和型芯的断面形状,大致可以分为圆形和异形两类。

对于圆形凸模、型芯加工比较容易,一般可采用车削、铣削、磨削等进行粗加工和半精加工。经热处理后在外圆磨床上精加工,再经研磨、抛光即可达到设计要求。异型凸模和型芯在制造上较圆形凸模和型芯要复杂得多。

14.2　凸模、型芯的加工工艺方案

凸模、型芯的形状是多种多样的,加工要求不完全相同,各工厂的生产条件又各有差异。这里仅以图 14-1 所示的凸模为例说明其工艺过程。

图 14-1 所示凸模的主要技术要求有:材料为 CrWMn,表面粗糙度 R_a 为 0.63μm,硬度为 HRC58~62,与凹模双面配合间隙为 0.03mm。

该凸模加工的特点是凸、凹模配合间隙小,精度要求高,在缺乏成型加工设备的条件下,可采用压印锉修进行加工。其工艺过程如表 14-1 所示。

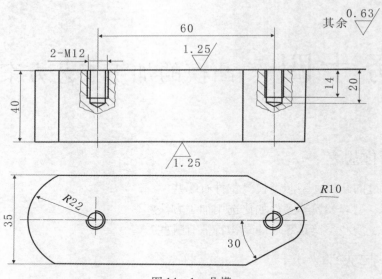

图 14 - 1　凸模

表 14 - 1　凸模加工的工艺过程

工序号	工序名称	工序内容	定位基准	加工设备	备注
0	下料	按所需直径和长度用锯床切断			热轧圆钢
5	锻造	将毛坯锻造成矩形		空气锤	
10	热处理	进行退火处理			
15	粗加工	刨削 6 个平面,留单面余量 0.4～0.5mm	上、下平面互为基准	牛头刨床	
20	磨削平面	磨削 6 个平面,保证垂直度,上、下平面留单面余量 0.2mm		平面磨床	
25	钳工	画出凸模轮廓线及螺孔中心位置线			
30	工作型面粗加工	按画线刨削刃口形状,留单面余量 0.2mm		牛头刨床	
35	钳工	修锉圆弧部分,使余量均匀一致			

工序号	工序名称	工序内容	定位基准	加工设备	备注
40	工作型面精加工	用已经加工好的凹模进行压印后，进行钳工修锉凸模			
45	螺孔加工	钻孔、攻丝			
50	热处理	淬火、低温回火，保证硬度为HRC58～62			
55	磨削端面	磨削上、下平面，消除热处理变形以便于精修		平面磨床	
60	研磨	研磨刃口侧面，保证配合间隙			
65	检验				

综合以上所列工艺过程，本例凸模工艺路线可概括为：备料→毛坯外形加工→画线→刃口轮廓粗加工→刃口轮廓精加工→螺孔加工→热处理→研磨或抛光。

在上述工艺过程中，轮廓精加工可以采用锉削加工、压印锉修加工、仿形刨削加工、铣削加工方法，如果用磨削加工，其精加工工序应安排在热处理工序之后，以消除热处理变形，这对制造高精度的模具零件尤其重要。

14.3　凸模的其他加工工艺方案

14.3.1　凸模的刨削加工

模具制造上要是单件或小批量生产，用刨床加工模具的零件具有较好的经济效果。在模具制造中应用较多的是牛头刨床和刨模机床。

1. 牛头刨床刨削凸模

凸头刨床主要用于加工模具的外形平面和曲面，必要时亦可加工口上内孔，其尺寸精度可达 0.05mm，表面粗糙度 R_a 为 1.6μm。刨削后需经热处理淬硬，一般都留有精加工余量。

刨削如图 14 - 1 所示的凸模，可采用通用夹具——机用平口钳和专用夹具进行加工。其加工工艺过程如表 14 - 2 所示。

表 14 - 2   凸模的刨削加工工艺过程

工序号	工序名称	工序内容	定位基准	加工设备	备注
0	下料	按尺寸锻造成为矩形毛坯，留合适的加工余量，并根据凸模所用的材料进行适当的退、正火或调质处理			
5	刨削	①用平口钳装夹。刨削坯料两平面、保证两平面的平行度，使厚度尺寸达尺寸要求，留余量 0.02mm；②刨削坯料两侧面及圆弧，保证圆弧与两平面圆滑过渡，并刨削两端面，使坯料宽度、高度达尺寸要求，留余量 0.2mm（单边）；③用专用工具装夹，刨削两斜面，留余量 0.02mn。用圆弧刨刀刨削圆弧，保证与两平面圆滑过渡		空气锤	
10	热处理	按热处理工艺进行，淬火硬度达 HRC58～62，并进行低温回火			
15	研磨	研磨凸模侧面及刃口、保证尺寸精度和表面粗糙度达到设计要求			
20	检验	测量各部分尺寸，检验圆弧和硬度			

2. 靠模刨削凸模

图 14 - 2 所示的大型曲面凸模，可在牛头刨床上用靠模进行刨削加工。

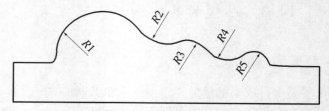

图 14 - 2   大型曲面凸模

刨削时将牛头刨床工作台的垂直丝杠和床身底座上的平行导轨拆除，然后换上靠模，用滚轮支撑在靠模上，并使其能沿靠模波动。当工作台横向走刀和凸模平行移动时，滚轮沿靠模波动，并带动工作台和凸模相对刀具做曲线运动，从而刨削出与靠模形状相反的型面。

另外，在牛头刨床应用液压仿形装置、供油系统和靠模，也可以加工表面形状复杂的曲面；因液压仿形装置及其供油系统较复杂，因此只适用于大批量模具零件的加工。

14.3.2　凸模、型芯的成型磨削

成型磨削是在成型磨床或平面磨床上，对模具成型表面进行精加工的方法。它具有精度高、效率高的优点。在模具制造中，成型磨削主要应用于凸模、型芯、拼块凹模、拼块型腔等模具成型零件的精加工。

对于形状复杂的凸模、型芯的轮廓，一般由若干直线和圆弧组成。应用成型磨削加工，是将被磨削的凸模、型芯的轮廓划分成单一的直线段和圆弧段，然后按照一定的顺序磨削加工，并使它们的衔接处平整光滑，符合设计要求。

1. 成型砂轮磨削法

成型砂轮磨削法是将砂轮修整成与工件被磨削表面完全吻合的形状，对工件进行磨削加工，获得所要的成型表面的形状的方法。采用这种方法时，首要任务是用砂轮修整工具把砂轮修整成所需要的形状，并保证精度。成型砂轮角度或圆弧的修整，主要是应用修整砂轮角度或圆弧的夹具进行的。

2. 夹具成型磨削法

夹具成型磨削法，是使工件的被磨削表面处于所要求的空间位置上，或者使工件在磨削过程中获得所需的进给运动，磨削出模具零件成型表面的方法。常用的成型磨削夹具有如下几种：

1）正弦精密平口钳

正弦精密平口钳，主要是由带正弦尺的精密平口钳和底座组成，如图 14 - 3 所示。工件装在平口钳上，在正弦圆柱和底座的定位面之间垫入一定尺寸的块规，使工件倾斜一定的角度，磨削工件上的斜面。在使用中为了保证磨削的精度，工件的定位面基准面应预先磨平，并保证垂直度和工件在夹具内定位的准确可靠。

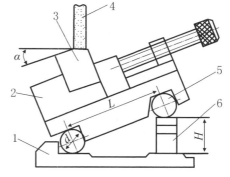

图 14 - 3　正弦精密平口钳
1—底座；2—精密平口钳；3—工件；
4—砂轮；5—正弦圆柱；6—量块

2）正弦磁力台

正弦磁力台的结构原理和应用与正弦精密平口钳相同；它们的区别仅仅在于正弦磁力台是用电磁力替代平口钳的夹紧力。正弦磁力台的最大倾斜角是45°，适用于磨削扁平工件。

3）正弦分中夹具

正弦分中夹具主要用于磨削凸模、型芯等具有同一轴线的不同圆弧面、平面及等分槽，夹具的结构如图 14 - 4 所示。

磨削时工件支承在前顶尖 1 尾顶尖 14 上。尾顶尖座 12 可沿底座上的"T"

形槽移动，到达适当位置时用螺钉 11 固定。手轮 13 可使尾顶尖 14 沿轴向移动，用以调节工件和顶尖间的松紧程度。前顶尖 1 安装在主轴 2 的锥孔内，转动蜗杆 7 上的手轮（图中未画出），通过蜗杆 7、蜗轮 3 的传动，可使主轴、工件和装在主轴后端的分度盘 5 一起转动，使工件实现圆周进给运动。安装在主轴后端的外度盘上有 4 个正弦圆柱 6。它们处于同一直径的圆周上，并将该圆分为 4 等份。

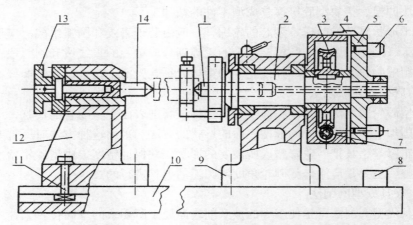

图 14－4　正弦分中夹具

1—前顶尖；2—主轴；3—蜗轮；4—分度指针；5—分度盘；6—正弦圆柱；7—蜗杆；
8—块规垫板；9—前顶尖座；10—底座；11—螺钉；12—尾顶尖座；13—手轮；14—尾顶尖

磨削时，如果工件回转角度的精度要求不高，其角度可直接利用分度盘上的刻度和分度指针读出。如果工件的回转角度要求较高，可在正弦圆柱 6 和块规垫板 8 之间垫入适当尺寸的块规，控制工件转角的大小。

在正弦分中夹具上磨削平面或圆弧面时以夹具的回转中心线为测量标准。因此，磨削之前要调整好测量调整器上块规支撑面与夹具回转中心线的相对位置。一般将块规支撑面的位置调整到低于夹具回转中心线 50mm 处。为此，在夹具两顶尖之间需装一直径为 D 的标准圆柱。并在块规支撑面上放置尺寸为 $50 + D/2$ 的块规，用百分表测量，调整块规座的位置，使块规上平面与标准圆柱面最高点等高后将块规座固定。当工件的被测量表面位置高于（或低于）夹具回转中心线的距离 H 时，在块规支撑面上放置尺寸为 $50 + H$ 或 $50 - H$ 的块规，用百分表测量块规上的平面与工件被测量表面，若两者的读数相同即工件已磨削到所要求的尺寸。

4）万能夹具

万能夹具是从正弦分中夹具中发展起来的更为完善的成型磨削夹具，属成型磨床的主要附件，也可以在平面或万能工具磨床上使用。

（1）结构组成及各部分的作用。

万能夹具主要由分度部分、回转部分、十字拖板部分及工件装夹部分组成。

（2）工件装夹方法。

根据工件形状的不同，其装夹方法通常有以下几种：

①用螺钉与垫柱装夹。在工件上预先制作工艺螺孔，用螺钉和垫柱紧固在转盘上。该法装夹工件，经一次装夹可将凸模、型芯轮廓全部磨削出来。

②用精密平口钳或磁力台装夹。将精密平口钳或磁力台紧固在夹具的转盘上，用平口钳或磁力台夹持工件磨削，但一次装夹只能磨出工件的部分成型表面。

（3）成型磨削工艺尺寸的换算。

利用万能夹具可磨削由直线和凸、凹圆弧组成的形状复杂的凸模或型芯的轮廓形状。在磨削平面时，需利用夹具将磨削表面调整到水平（或垂直）位置，用砂轮的圆周（或端面）磨削。磨削圆弧时，利用十字拖板将圆弧中心调整到夹具主轴的回转轴线上，进行间断的回转磨削。磨削表面尺寸的测量和正弦分中夹具磨削工件表面尺寸的测量方法一样，用测量调整器、块规和百分表对磨削表面进行比较测量。

应用万能夹具磨削凸模、型芯时，按磨削工艺要求应进行的工艺尺寸换算主要有下列几方面：①各工序中心的坐标尺寸；②各平面至对应工序中心的垂直距离；③各平面对选定坐标轴的倾斜角度；④不能进行自由回转的圆弧面的圆心角。

在以上计算中，其数值运算应精确到小数点后 3 位，以保证计算的精确。当工件尺寸有公差时，为了减少工序基准与设计基准之间的误差，一般采用平均尺寸进行计算。

3．成型磨削的几个原则

成型磨削是凸模、型芯类模具零件的最终加工方法。由于尺寸精度要求高，工艺过程复杂，所以要求操作人员的技术水平较高而且熟练。为了能顺利地磨削出合格的凸模、型芯零件，在绘制磨削工序图和操作过程中应遵循以下原则：①凸模、型芯的基准面应预先磨削，并保证精度；②与基准面有关的平面优先磨削；③对精度要求高的平面先磨削，避免产生累积误差；④面积较大的平面先磨削；⑤与直角坐标系相平行的平面先磨削，斜面后磨削；⑥与凸圆弧相接的平面与斜面先磨削，凸圆弧面后磨削；⑦与圆弧面相接的平面及斜面应先磨削凹圆弧面，后磨削斜面与平面；⑧两凸圆弧相连接时应先磨半径较大的圆弧面；⑨两凹圆弧面相接时应先磨削圆弧半径小的圆弧面；⑩凸圆弧与凹圆弧面相接时，应先磨削凹圆弧面。

14.3.3　数控成型磨削

数控成型磨削的自动化程度高，可以磨削形状复杂、精度要求高、具有三维型面的凸模、型芯类模具零件，是模具加工技术的先进方法之一。

数控成型磨削的磨削方式大致有以下 3 种基本方式：

1．用成型砂轮磨削

利用成型砂轮磨削时，首先用数控装置控制安装在工作台上的砂轮修整装置，使它与砂轮架做相对运动而得到所需成型砂轮的形状，然后用该砂轮磨削工件。磨削时工件做纵向往复直线运动，砂轮做垂直进给运动。该方法多用于加工面窄、批量大的工件。

2. 仿形磨削

应用数控装置将砂轮修整成圆形或 V 形，然后由数控装置控制砂轮架的垂直进给和工件台的横向进给运动，使砂轮的切削刃沿着工件的轮廓进行仿形磨削。该方法适合磨削加工面宽的工件。

3. 复合磨削

复合磨削是上述两种方法的综合应用。磨削前用数控装置将成型砂轮修整成工件形状的一部分，然后用修整的砂轮依次磨削工件。该法主要用来磨削具有多个相同型面的工件，如齿条、等距窄槽等。

任务十五　凹模的加工工艺方案

请你思考：

你见过的有平面的凹模型孔零件有哪些？

凹模型孔零件如何选用加工方法？

凹模型孔零件的加工要求是什么？

一起来学：

➡ 型孔的压印锉修加工工艺方案。

➡ 型孔的电火花加工工艺方案。

➡ 镶拼型孔的加工工艺方案。

15.1　概　　述

冲模的凹模型孔一般都是不规则的形状，用来成型制件的内、外表面轮廓。其加工质量的好坏，直接影响模具的使用寿命和成型制品的质量。

型孔类模具零件在各种模具中都有大量的应用，如冲裁模具中凹模的冲孔、落料型孔，塑料成型模具中的型腔拼块或型腔等。由于成型制件的形状繁多，所以型孔的轮廓也多种多样，按其形状可分为圆形型孔和异形型孔两类。

具有圆形型孔的模具零件又有单圆型孔和多圆型孔两种。单圆型孔加工比较容易，一般采用钻、镗等加工方法进行粗加工和半精加工，热处理后在内圆磨床上精加工。多圆型孔属于孔系加工，加工时除保证型孔的尺寸及形状精度外，还要保证各型孔之间的相对位置，一般采用高精度的坐标镗床进行加工。坐标镗床加工的孔距尺寸精度能保证在 $0.005 \sim 0.01\mathrm{mm}$ 内，表面粗糙度 $R_a = 12.5\mu\mathrm{m}$。采用普通立式铣床，在工作台纵横移动方向上安装块规和百分表测量装置。按坐标法进行各型孔的加工时，其孔间距离的尺寸精度能保证在 $0.01\mathrm{mm}$ 左右，表面粗糙度 $R_a = 2.5\mu\mathrm{m}$。

模具型孔的工作表面要求较高的硬度，其常用的材料为 T8A、T10A、CrWMn、Cr12、W18Cr4V 和硬质合金等，一般要进行淬硬处理，硬度为 58 ～ 62HRC。热处理后可在高精度坐标磨床上进行加工，也可在镗孔时余 0.01 ～

0.02mm 的研磨余量，由钳工研磨。

异形型孔也可分为单异型孔和多异型孔两种。单异型孔主要要求尺寸和形状的精度；多异型孔除要求尺寸、形状精度外，还要有位置精度的要求。加工异型孔比加工圆型孔在制造技术上要复杂得多，这里主要讨论异形型孔的制造技术。

15.2 型孔的压印锉修加工工艺方案

压印锉修加工型孔是模具加工经常采用的一种方法，主要应用在缺少机械加工设备的厂家，以及试制性模具、模具凸模和型孔要求间隙很小甚至无间隙的冲裁模具的制造中。这种方法能加工出和凸模形状一致的凹模型孔，但模具型孔精度受热处理变形的影响大。

1. 压印锉修的基本方法

图 15 - 1 所示为凹模型孔的压印示意图。它将已加工成型并淬硬的凸模放在凹模型孔处，在凸模上施加一定的压力，通过压印凸模的挤压与切削作用，在被压印的型孔上产生印痕，由钳工挫去凹模型孔的印痕部分，然后再压印，再锉修，如此反复进行，直到锉修出与凸模形状相同的型孔。用作压印的凸模称压印基准件。当凹模型孔的热处理变形比凸模大时，也可以凹模型孔为压印基准件来压印凸模。

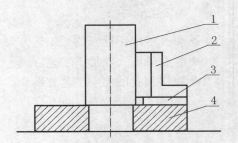

图 15 - 1 凹模型孔的压印示意图

1—凸模；2—角尺；3—垫块；

4—型孔垫板

2. 压印锉修前的准备

压印锉修前应对凸模和凹模型孔进行以下准备工作：

（1）附备凸模。对凸模进行粗加工、半精加工后进行热处理，使其达到所要求的硬度，然后进行精加工，使其达到要求的尺寸精度和表面粗糙度。将压印刃口用油石磨出 0.1mm 左右的圆角，以增强压印过程的挤压作用并降低压印表面的微观不平度。

（2）准备工具。准备用以找正垂直度和相对位置的工具，如角尺、精密方箱等。

（3）选择压印设备。根据压印型孔面积的大小选择合适的压印设备。较小的型孔压印直接可用手动螺旋式压机，较大的型孔则应用液压机。

（4）准备型孔板材。将型孔板材加工至要求的尺寸、形状精度，确定基准面并在型孔位置划出型孔轮廓线。

（5）型孔轮廓预加工。主要对型孔内部的材料进行去除。

3. 压印锉修

完成压印锉修准备工作后，即可进行压印锉修型孔的加工，其过程如下：置凹模板和凸模于压力机工作台的中心位置，用直角尺找正凸模和凹模型孔板的垂直度，在凸模顶端的顶尖孔中放一个合适的滚珠，以保证压力均匀和垂直，并在凸模刃口处涂以硫酸铜溶液，启动压机慢慢压下，如图 15 - 2 所示。

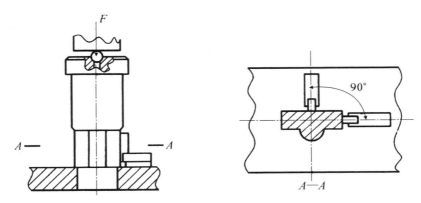

图 15 - 2　压印锉修型孔

第一次压入深度不宜过大。通常情况下应控制在 0.2mm 左右。压印结束后取下凹模板，对型孔进行锉修，锉修时不能碰到刚压出的表面。锉修后的余量要均匀，最好使单边余量保持在 0.1mm 左右，以免下次压印时基准偏斜。经第一次压印锉修后，可重复进行以上过程直到完成型孔的加工。但每次压印都要认真校正基准凸模的垂直度。压印的深度除第一次要浅一些外，以后要逐渐加深。

对于多型孔的凸模固定板、卸料板、凹模型板等，要使各型孔的位置精度一致，可利用压印锉修的方法或其他加工方法加工好其中的一块，然后以这一块作导向，按压印锉修的方法和步骤加工另一块板的型孔，即保证各型孔的相对位置，如图 15 - 3 所示。

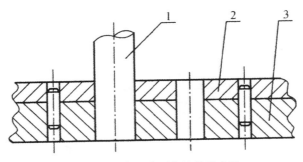

图 15 - 3　多型孔压印锉修的方法
1—凸模；2—卸料板；3—凹模型板

15.3 型孔的电火花加工工艺方案

型孔的电火花加工主要应用于各种模具成型孔的穿孔上，如冲裁凹模型孔及卸料板、固定板孔，塑料模具的成型孔、型芯固定孔、镶块固定孔，粉末冶金模、硬质合金模、挤压模的型孔，模具上的小型圆孔、异型孔等。

电火花加工设备属于数控机床的范畴，电火花加工是在一定的液体介质中，利用脉冲放电对导体材料的电蚀现象来蚀除材料，从而使零件的尺寸、形状和表面质量达到预定技术要求的一种加工方法。在机械加工中，电火花加工的应用非常广泛，尤其在模具制造业、航空航天等领域有着极为重要的地位。

15.3.1 电火花加工的原理与特点

电火花加工是在如图 15-4 所示的加工系统中进行的。加工时，脉冲电源的一极接工具电极，另一极接工件电极，两极均浸入具有一定绝缘度的液体介质（常用煤油或矿物油或去离子水）中。工具电极由自动进给调节装置控制，以保证工具与工件在正常加工时维持一很小的放电间隙（$0.01 \sim 0.05\text{mm}$）。当脉冲电压加到两极之间，便将当时条件下的极间最近点的液体介质击穿，形成放电通道。由于通道的截面积很小，放电时间极短，致使能量高度集中（$106 \sim 107\text{W/mm}^2$），放电区域产生的瞬时高温足以使材料熔化甚至蒸发，以致形成一个小凹坑。第一次脉冲放电结束之后，经过很短的间隔时间，第二个脉冲又在另一极间最近点击穿放电，如此周而复始高频率地循环下去，工具电极不断地向工件进给，它的形状最终就复制在工件上，形成所需要的加工表面。与此同时，总能量的一小部分也释放到工具电极上，从而造成工具损耗。

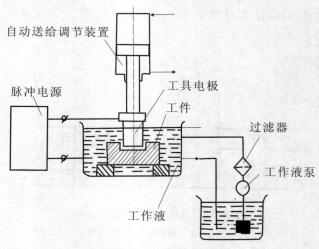

图 15-4 电火花加工原理图

从上面的叙述中可以看出，进行电火花加工必须具备三个条件：必须采用脉冲电源；必须采用自动进给调节装置，以保持工具电极与工件电极间微小的放电间隙；火花放电必须在具有一定绝缘强度（103～107Ω·m）的液体介质中进行。

电火花加工具有如下特点：可以加工任何高强度、高硬度、高韧性、高脆性以及高纯度的导电材料；加工时无明显机械力，适用于低刚度工件和微细结构的加工；脉冲参数可依据需要调节，可在同一台机床上进行粗加工、半精加工和精加工；电火花加工后的表面呈现的凹坑，有利于贮油和降低噪声；生产效率低于切削加工；放电过程有部分能量消耗在工具电极上，导致电极损耗，影响成形精度。

15.3.2　电火花加工的应用

电火花加工主要用于模具生产中的型孔、型腔加工，已成为模具制造业的主导加工方法，推动了模具行业的技术进步。电火花加工零件的数量在 3 000 件以下时，比模具冲压零件在经济上更加合理。按工艺过程中工具与工件相对运动的特点和用途不同，电火花加工可大体分为：电火花成形加工、电火花线切割加工、电火花磨削加工、电火花展成加工、非金属电火花加工和电火花表面强化等。下面重点介绍电火花成形加工和电火花线切割加工。

1. 电火花成形加工

该方法是通过工具电极相对于工件作进给运动，将工件电极的形状和尺寸复制在工件上，从而加工出所需要的零件。它包括电火花型腔加工和穿孔加工两种。电火花型腔加工主要用于加工各类热锻模、压铸模、挤压模、塑料模和胶木膜的型腔。电火花穿孔加工主要用于型孔（圆孔、方孔、多边形孔、异形孔）、曲线孔（弯孔、螺旋孔）、小孔和微孔的加工。近年来，为了解决小孔加工中电极截面小、易变形、孔的深径比大、排屑困难等问题，在电火花穿孔加工中发展了高速小孔加工，取得良好的社会经济效益。

2. 电火花线切割加工

该方法是利用移动的细金属丝作工具电极，按预定的轨迹进行脉冲放电切割。按金属丝电极移动的速度大小分为高速走丝和低速走丝线切割。我国普遍采用高速走丝线切割，近年来正在发展低速走丝线切割。高速走丝时，金属丝电极是直径为 $\phi 0.02 \sim \phi 0.3\text{mm}$ 的高强度钼丝，往复运动速度为 8～10m/s。低速走丝时，多采用铜丝，线电极以小于 0.2m/s 的速度做单方向低速运动。线切割时，电极丝不断移动，其损耗很小，因而加工精度较高。其平均加工精度可达 0.01mm，大大高于电火花成形加工，表面粗糙度 R_a 值可达 1.6μm 或更小。

国内外绝大多数数控电火花线切割机床都采用了不同水平的微机数控系统，基本上实现了电火花线切割数控化。目前电火花线切割广泛用于加工各种冲裁模（冲孔和落料用）、样板以及各种形状复杂的型孔、型面和窄缝等。

15.3.3 电火花型腔加工的工艺过程

根据不同的加工对象和加工要求，电火花型腔加工的工艺过程也有所不同。常用的型腔加工工艺过程如表 15 – 1 所示。

表 15 – 1 常用的型腔加工工艺过程

序号	工序内容	说　明
1	选择加工方法	根据加工对象的形状、尺寸、精度及粗糙度等要求选择加工方法，如单电极平动法、多电极更换法、分解电解法等
2	选择加工设备	根据加工对象和加工方法选择加工设备，如设备的大小、定位、精度、自动化程度、电源形式和功率，是否配有平动头或侧向加工装置等
3	选择电极材料	根据加工对象选择电极材料。大中型腔多采用石墨材料电极，中小型腔窄槽、花纹及图案等多采用紫铜电极
4	设计电极	按图样要求，并根据型腔的形状、选择的加工方法、选择的放电规准等，设计电极横截面和纵截面尺寸及公差
5	电极加工制造	根据电极的材料、电极的制作精度、尺寸大小、加工批量、生产周期等选择电极制造方法，如机械切削加工、压力振动加工、电铸加工、液压成形等
6	工件准备	对工件进行电火花加工前的金属切削加工、钻孔、攻螺纹、磨平面、去磁、去锈等
7	工件热处理	对需要淬火处理的型腔，根据精度要求安排热处理工序。如型腔精度要求不高，或淬火变形影响较小，可将热处理安排在电加工之后进行
8	装夹与定位	根据工件的尺寸和外形，选择或制造工件的定位基准；准备电极装夹夹具；对电极进行装夹，校正调整电极的角度和轴心线。然后，对工件进行定位和夹紧
9	开机加工	选择加工极性，调整机床，保持适当的液面高度，调节电规准，保持适当的电流，调节进给速度、充油压力等。随时检查工作稳定情况，正确操作
10	加工结束	进行清理并检查零件是否符合加工要求

15.4　镶拼型孔的加工工艺方案

15.4.1　型孔的镶拼方法及分段

一般镶拼型孔的镶拼有拼接法和镶嵌法两种。拼接法是将型孔分成数段，对各段分别进行加工后拼接起来。镶嵌法是在型孔形状复杂或狭小细长的部分另做一个嵌件嵌入型孔体内。

镶拼型孔的分段是有一定要求的，一般是将形状复杂的内形表面加工，通过分段镶拼变为外形面加工或为防止刃口处的尖角部分加工困难、淬火时易开裂等，在尖角处拼接，但镶块应避免做成锐角。凸出或凹进部分容易磨损，要单独分成一段，以便更换；有对称线的制件应沿对称线分段。各段的拼合线要相互错开，并要准确、严密配合，装配牢固。

15.4.2　拼块的创造过程

由于制件的形状多种多样，所以镶拼型孔的形状也很多。现以应用光学曲线磨床加工图 15-5 所示的定子槽型孔和应用平面磨床磨削等距多槽型孔拼块为例说明其制造过程。

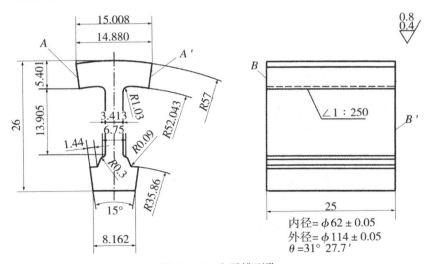

图 15-5　定子槽型孔

1. 光学曲线磨床的投影放大原理

光学曲线磨床是按放大样板或放大图进行磨削加工的，主要用于磨削尺寸较小的型孔拼块、凸模和型芯等，其加工尺寸精度可达 0.01mm，表面粗糙度 $R_a = 0.63 \sim 0.32\mu m$。

光学投影的放大原理如图 15 - 6 所示。光线从机床下部的光源 1 射出,将砂轮 3 和工件 2 的影像射入物镜,经过棱镜和平面镜的反射,可在光屏上得到放大的影像。将该影像与光屏上工件放大图进行比较,由于工件留有余量,故影像的轮廓将超出光屏的放大图。操作者根据两者的比较结果,操纵砂轮架在纵、横方向运动,使砂轮与工件的切点沿着工件被磨削轮廓线将加工余量磨去,完成仿形加工。

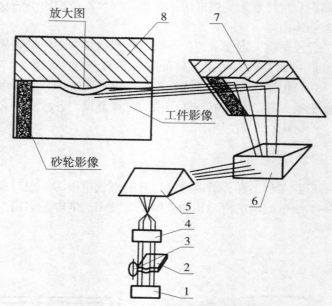

图 15 - 6 光学曲线磨床的投影放大原理

2. 定子槽拼块的制造过程

当图 15 - 5 所示定子槽型孔拼块的精度要求较高时,可安排如表 15 - 2 所示的制造工艺过程。

表 15 - 2 定子槽型孔拼块的制造工艺过程

工序号	工序名称	工序内容	定位基准	加工设备	备注
0	锻造毛坯	将毛坯锻造成为 32mm × 32mm ×20mm 的长方体			
5	热处理	将已锻造好的毛坯进行球化退火,硬度达 HRC 220 ~ 240			
10	毛坯外形加工	将退火后的毛坯按图进行粗加工。留单面余量 0.2 ~ 0.3mm			
15	坯料检验	按图和加工余量要求进行检验			

工序号	工序名称	工序内容	定位基准	加工设备	备注
20	热处理	按热处理工艺进行淬火、回火，硬度为 HRC 58 ～ 62			
25	平面磨削	①以 A'面为基准磨削 A 面； ②将电磁吸盘倾斜 15″，四周用辅助块固定，对侧面进行粗加工； ③以 A 面为基准磨削 A'面，保证高度一致； ④将电磁吸盘倾斜 15″，精磨 B 面和 B'面，留修配余量 0.01mm； ⑤对所有拼块用角度规定位，同时磨削端面，保证垂直度及总长 25mm			
30	磨削外径	将拼块准确地固定于专用夹具上，磨削拼块外径达到 R57 和表面粗糙度要求			
35	细磨平面	对各拼块的拼合面均匀地进行精细磨削后依次镶入内径为 114 的环规中，要求配合可靠、紧密			
40	磨削刃口部位	将各拼块装夹在夹具上，在光学曲线磨床上根据型孔刃口部位的放大图进行粗加工和精加工			
45	端面磨削	将拼块压入型孔固定板孔 114 内，对刃口端面进行整体细磨			
50	检验	用投影仪检验型孔，测量拼块内径、外径、圆角，检验硬度			

　　以上是材料为合金钢的定子槽拼块的制造工艺过程，为了增加模具的使用寿命，大多数定子槽拼块都采用硬质合金。其制造工艺过程除取消了热处理工序外，其他与上述基本相同。

3. 等距槽型孔拼块的磨削工艺

　　下面以如图 15 - 7 所示的等距槽型孔拼块为例，说明等距槽型孔拼块的磨削工艺过程。

　　修整砂轮圆弧后，用平面磨床进行成型磨削的工艺如表 15 - 3 所示。

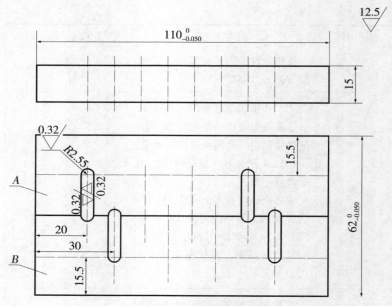

图 15 - 7　等距槽型孔

表 15 - 3　成型磨削的工艺

工序号	工序名称	工序内容	定位基准	加工设备	备注
0	坯料准备	根据等距槽型孔拼块的材料要求，对工件毛坯进行锻造、退火，然后进行粗加工，留适当加工余量，再进行淬火、回火处理，达到所要求的硬度			
5	磨削平面	用电磁吸盘及辅助固定块固定工件，对两个拼块的 6 个平面进行粗磨、精磨，达到尺寸要求，并保证各平面相互间的垂直度及两个拼块尺寸一致			
10	拼块装夹定位	将 A、B 两个拼块拼合在一起，使两个平面对合，并用块规控制两个拼块相差不超过 10mm			
15	粗磨第 1 槽	将砂轮修整成 R2.5 的半圆弧，对第 1 槽进行粗磨，深度为 15.4mm。用块规控制砂轮中心距拼块端面为 20mm			

工序号	工序名称	工序内容	定位基准	加工设备	备注
20	调整拼块位置，粗磨第 2 槽	用百分表接触 C 面并调整为零位，在 C 面放 10 mm 的块规。移动机床横拖板使百分表触头与块规侧面接触，使百分表指示数值为零。位置调整准确后粗磨第 2 槽，其槽深度为 2.5mm			
25	调整拼块位置，磨削第 3 槽至第 8 槽	拼块的相互位置调整、装夹如前所述，粗磨第 3 槽至第 8 槽			
30	精磨型槽	将砂轮修整为 $R2.54$ 的半圆弧，按要求的深度对各槽进行精磨，并达到表面粗糙度要求			
35	检验	将两个拼块按相互位置拉合在一起，检验型孔尺寸、表面粗糙度及硬度			

任务十六 塑料模的型腔加工工艺方案

请你思考：

你见过的有模具的型腔零件有哪些？

模具的型腔零件如何选用加工方法？

模具的型腔零件有哪些结构特征？

一起来学：

➡回转曲面型腔的车削加工工艺方案。

➡非回转曲面型腔的铣削加工工艺方案。

➡型腔的电化学加工技术。

16.1 概 述

型腔是模具的重要成型零件。其主要作用是成型制件的外形表面，其精度和表面质量要求较高。型腔的种类、形状、大小有很多种，有的表面还有花纹、图案、文字等，属于复杂的内成型表面。因此，其制造工艺过程复杂，制造难度较大。

型腔按其结构形式可分为整体式、镶拼式和组合式。按型腔的形状大致可分为回转曲面和非回转曲面两种。

对回转曲面的型腔，一般用车削、内圆磨削或坐标磨削进行加工制造，工艺过程比较简单。而非回转曲面型腔的加工制造要困难得多，其加工工艺概括起来有以下3个方面：①用机械切削加工配合钳工修整进行制造，该工艺不需要特殊的加工设备，采用通用机床切除型腔的大部分多余材料，再由钳工精加工修整。它的劳动强度大，生产效率低，质量不易保证，在制造过程中应充分利用各种设备的加工能力，尽可能减少钳工的工作量。②应用仿形、电火花、超声波、电化学加工及化学加工等专用设备进行加工，可以大大提高生产效率，保证型腔的加工质量。但工艺准备周期长，在加工中工艺控制复杂，有的还会污染环境。③采用数控加工或模具计算机辅助设计与制造（即模具 CAD/CAM）技术，可以加快模具的研制速度，缩短模具的生产准备时间，优化模具制造工艺和结构参数，提高模具的质量和寿命。这种方法是模具制造技术的发展方向。

16.2　回转曲面型腔的车削加工工艺方案

对于回转曲面的型腔或者组成内表面小部分为回转曲面的型腔，应用最普通的加工方法是车削加工。下面介绍车削加工模具型腔所用的特种刀具、专用工具及加工实例。

1．型腔车削的特种刀具

在型腔车削加工中，除圆柱、圆锥内形表面可以使用普通内孔车刀进行车削外，对于球面、半圆弧或圆弧面，一般都采用样板车刀进行最后的成型车削。常用的样板车刀有车刀式样板刀、成型样板刀、型腔条纹刀具和弹簧式样板刀。

2．型腔车削的专用工具

型腔的车削加工中，除回转曲面应用成型样板车刀进行车削加工外，对加工数量较多的型腔应用专用的车削工具进行加工，在保证质量的前提下提高生产效率。常用的专用工具有：球面车削工具、曲面车削工具、盲孔内螺纹自动退刀工具。

3．型腔车削实例

图 16－1 所示为塑料灯座压制模型腔，根据图纸要求，可采用成型样板车刀切削型腔的曲面，其加工工艺过程如表 16－1 所示。

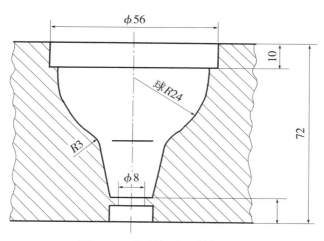

图 16－1　塑料灯座压制模型腔

表 16-1　塑料灯座压制模型腔加工工艺过程

工序号	工序名称	工序内容	定位基准	加工设备	备注
0	预加工	按图刨削平面达到尺寸要求			
5	划线	钳工划线,确定各型腔的相对位置			
10	装夹工件	将型腔板装在四爪卡盘上,找正一个型腔与车床上轴中心重合			
15	车削 R24 圆弧	粗车 R24,留加工余量 0.1mm,用样板校对,然后用样板车刀成型精车 R24,使其达到要求			
20	钻、铰孔	对 φ8 孔进行钻孔、铰孔,使其达到要求			
25	车削锥孔	按图纸锥度要求调整车床的小拖板角度,车削内锥孔使其达到要求			
30	车削 R3 圆弧	粗车 R3 并留余量,然后用 R3 样板车刀进行成型精车,完成型腔曲面的车削加工			
35	检验				

16.3　非回转曲面型腔的铣削加工工艺方案

铣床是通用的切削加工设备。在模具型腔的加工中,常用普通立式铣床、万能工具铣床和仿形铣床。立式铣床和万能工具铣床主要用于加工中小型模具非回转型腔曲面,一般仿形铣床主要用于加工大型非回转曲面的型腔。

1. 普通铣削加工型腔

塑料压制模、塑料注射模、压铸模、锻模等各种非回转曲面的型腔或型腔中的非回转曲面部分都可以进行铣削加工。加工后的表面粗糙度 R_a 可达 12.5～3.2μm,精度可达 IT10～IT8。铣削加工型腔时一般先按型腔画出的轮廓线进行加工,留有 0.05～0.1mm 的余量。经钳工修磨、抛光后达到型腔所要求的尺寸和表面粗糙度。

(1) 型腔铣削的常用刀具。

为加工各种特殊形状的型腔表面,必须备有各种不同形状和尺寸的指形铣刀。指形铣刀有单刃、双刃和多刃指形铣刀。

(2) 型腔的铣削。

用铣床加工型腔一般都是手动操作,劳动强度大,对工人的操作技能要求较高。为了提高铣削效率，对于铣削余量较大的型腔，在铣削前应进行粗加工去除大部分材料，仅留有均匀的精加工余量，再用指形铣刀进行加工。最后由钳工修磨、抛光制得合格的型腔。现以图 16 - 2 所示的起重吊环锻模型腔为例说明型腔的铣削过程。

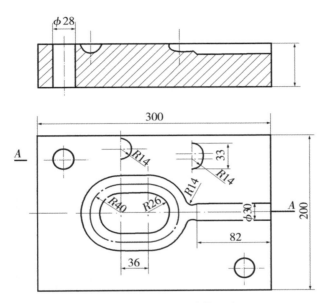

图 16 - 2　起重吊环锻模型腔

其加工工艺过程如表 16 - 2 所示。

表 16 - 2　型腔的加工工艺过程

工序号	工序名称	工序内容	定位基准	加工设备	备注
0	坯料的准备	根据模具型腔所用的材料和尺寸，将坯料锻造成为长方体，留有适当的加工余量，并进行退火处理			
5	坯料的预加工	①将坯料刨削、磨削加工成平行六面体；②加工出上下型腔板导柱孔；③磨平分型面，装配上下型腔板导柱，导柱与下模板为过盈配合，与上模板为间隙配合；④将上下模板拼合后磨平 4 个侧面及 2 个平面，保证垂直度要求和上下模尺寸一致；⑤在上下模板分型面上按图纸尺寸画出吊环轮廓线，保证中心线和两侧面距离相等			

工序号	工序名称	工序内容	定位基准	加工设备	备注
10	型腔工艺尺寸的计算	根据图纸和各尺寸之间的几何关系计算得到两个 $R14$ 弧的中心距为 61mm，吊环两圆弧的中心距离为 36mm			
15	工件的装夹	将回转台安装在铣床工作台上，使回转台回转中心与机床回转中心重合。再将模板安装在回转台上，按画线找正并使一个 $R14$ 的圆弧中心和回转台中心重合。再用定位块 1 和 2 靠在工件两个互相垂直的基准面上，并在侧面垫入尺寸为 61mm 的块规。分别将定位块和工件压紧固定			
20	型腔的铣削	①移动铣床工作台使铣刀和型腔圆弧槽对正，转动回转台进行铣削，加工出一个 $R14$ 的圆弧槽。②取走尺寸为 61mm 的块规，使另一个 $R14$ 圆弧槽中心与回转台中心重合，铣削出圆弧槽。移动铣床工作台，使铣刀中心对正型腔中心线，移动铣床工作台铣削两凸圆弧槽中间衔接部分，要保证衔接平滑。③在定位块 1、2 和基准面之间分别垫入尺寸为 30.5mm 和 60.78mm 的规块，使 $R40$ 圆弧中心与回转台中心重合，移动工作台使铣刀和型腔圆弧槽对正，铣削以达到要求。④松开工件。在定位块 2 和基准面之间再垫入尺寸为 36mm 的块规，使工件另一个 $R40$ 圆弧槽中心与回转台中心重合。压紧工件铣削圆弧槽达到要求的尺寸。⑤铣削直线圆弧槽，移动铣床工作台铣削型腔直线圆弧槽部分，保证直线圆弧槽和圆弧槽的平滑衔接。⑥在车床上车削圆柱型腔部分		圆头指形铣刀	
25	检验				

2. 仿形铣削加工型腔

仿形铣削采用圆柱球头铣刀，加工表面残留的刀痕较明显，表面粗糙度差。加工过程中刀刃为非连续切削，容易产生振动。靠模的制造精度、仿形销的尺寸和形状误差、仿形仪的灵敏度和准确度等均影响加工精度。它主要用于高精度型腔面的粗加工，或者精度要求不高、表面粗糙度要求较低型面的加工；一般仿形铣削后仍需进行钳工修磨、抛光才能达到要求。

3. 型腔电火花加工实例

下面以电视机后盖塑料注射模型腔的加工为例说明型腔电火花的加工方法。

电视机后盖塑料注射模型腔的电火花加工，放电面积较大，加工深度较深，电极和工件的质量较大，属于形状复杂的中型型腔加工。加工中机床的主轴要能负担较大质量而且灵敏度要高，要求平动头的刚件要好，脉冲电源能在长时间大电流下连续工作，而且要稳定可靠。加工中要采取合理的操作工艺，如刚开始加工时，由于电极和工件只是局部接触，所以加工电流不要太大，否则会使局部电流密度过大而造成烧伤。当放电面积逐渐增大后，再相应增加电流。

加工 63.5cm（25in）电视机后盖塑料注射模型腔的工艺参数如下：电极质量为 60kg，加工深度为 220mm，放电面积为 18 000mm²，预加工后余量为 5 ～ 7mm，工件材料为 CrWMn，采用可控硅脉冲电源。其加工规准如表 16 – 3 所示。

表 16 – 3　63.5cm（25in）电视机后盖塑料注射模型腔加工规准

加工规准				平动量	电极材料	加工时间/h
脉冲频率 f/Hz	脉冲宽度 t_i/μs	加工电流 I/A	电源电压 V/V	e/mm		
600 ～ 20 000	1 000 ～ 5	50 ～ 2	50 ～ 100	1.2	石墨	27.5
600 ～ 30 000	1 000 ～ 2	60 ～ 1.5	50 ～ 100	1.4	石墨	38

16.4　型腔的电化学加工技术

电化学加工是利用电化学作用对金属进行加工的方法，目前已广泛应用于模具的加工制造之中。电化学加工按其作用可分为三大类，第一类是利用电化学阳极溶解来进行加工，如电解加工、电解抛光等；第二类是利用电化学阴极镀覆进行加工，如电镀、电铸等；第三类是电化学加工和其他加工方法相结合的电化学复合加工，如电解磨削、电化学阳极机械加工等。下面主要介绍有关模具型腔的电化学加工。

1. 电解加工的基本原理

电解加工是利用金属在电解液中发生电化学阳极溶解的原理进行加工的。它采用直流稳压电源。工具电极接负极（阴极），工件接正极（阳极），工件和工具电极之间保持 0.1～1mm 的间隙。在间隙中通过具有一定压力（0.49～1.96MPa）和速度（可达75m/s）的电解液。当工具电极以一定的进给速度（一般为 0.4～1.5mm/min）向下件靠近，并在两极之间接上直流电压（6～24V）时，工件表面和工具电极之间距离最近的地方，通过的电流密度可达 10～70 A/cm^2，产生阳极溶解，金属变成氢氧化物沉淀而被电解液冲走。由于阳极、阴极之间各点的距离不等，所以电流密度也不相等（细实线密的地方电流密度大），工件表面上产生的阳极溶解速度也不同，在距阳极距离最近的地方电流密度大，阳极溶解的速度最快。随着工具电极不断进给，电蚀物不断被电解液冲走，工件表面不断被溶解，最后间隙逐渐趋于均匀，电极的形状被复制在工件上。

2. 电解加工的特点与应用

电解加工具有下列特点：①生产效率高，比电火花加工效率高 4 倍，比铣削加工高几倍到十几倍；②可加工高硬度、高强度、高韧性等难于切削加工的金属材料，应用范围广；③加工无切削力，因此加工后无残余应力，适用于加工易变形的零件；④加工表面粗糙度 R_a 可达 1.25～0.2μm，尺寸精度平均可达 ±0.1mm左右；⑤工具电极不损耗，可长期使用；⑥电解液对设备和工装有腐蚀作用，电解产物处理不好易造成污染；⑦电解加工影响因素多，不易实现稳定加工和保证高的加工精度；⑧电解加工设备投资大，占地面积较大。

电解加工效率高，表面粗糙度值较低，但尺寸精度不高，电极设计与制造周期长、投资大，适用于大型模具型腔的加工，如锻、压铸及塑模等批量较大而要求不高的型腔加工。

电解液有中性盐溶液、酸性溶液和碱性溶液三大类。其中中性盐溶液的腐蚀小，使用时较安全，应用最普遍，最常用的有 NaCl、NaNO$_3$、NaClO$_3$三种。电解加工的零件应进行防腐处理，以防锈蚀。

电解加工设备主要由电解加工机床、直流电源、电解液输送系统组成。

3. 型腔的电解加工

目前，型腔常用的电解加工方法有混气电解加工和非混气电解加工两种。

混气电解加工是将一定压力的气体（二氧化碳、氯气或压缩空气等）经混气装置与电解液混合，使电解液成为含有气体的均匀气液混合物后，送入加工区进行电解加工的方法。在气液混合腔中压缩空气经喷嘴喷入，与电解液强烈搅拌成为细小气泡混入电解液，增加电解液的电阻率。在加工间隙中电流密度较低的部位电解作用趋于停止，使间隙迅速趋于均匀，保证了较高的加工精度。

由于电解液中混入气体的体积随压力的变化而变化，在压力高的地方气泡体积小，电阻率低，电解作用强；而在压力低的地方气泡体积大，电阻率高，电解作用弱。电解加工时其下部间隙为 A1，因此处压力大，气泡体积小，电阻率小，电解作用强，金属的溶解主要发生在该处。在其上部出口处间隙为 A2，电解液与大气相通，压力很低，电解液中的气体膨胀增大。A1 处间隙的电阻比 A2 处间隙的电阻大得多，电流密度减少。当 A1 达到一定值时电解作用停止。

　　混气电解加工中由于气体的混入降低了电解液的密度，可在较低的压力下达到较高的流速。高速流动的气泡能起到搅拌作用，消除了死水区，使流动均匀，减少了短路的可能性，使加工稳定。

　　由于混气电解加工电解液的电阻率较大，在加工电压和加工间隙相同的情况下，其电流密度比非混气电解液低，因而加工速度下降 1/3 ～ 1/2。但从整个生产过程看，它缩短了电极的设计、制造周期，提高了加工精度，减少了钳工修整的工作量，所以总的生产速度还是加快了。混气电解加工需增加一套附属的供气设备、管道和抽风设备，投资较大。

　　采用混气电解加工时，混入气体的质量和气液混合比（即 1 个大气压时混入电解液中的空气量和电解液之比）对混气电解加工的加工速度及质量有着直接影响。随气液混合比的增大使加工间隙减少，加工精度提高；当气液混合比超过一定范围时则效果不明显。在型腔加工中，气压在 98.1 ～ 490.3kPa 时，一般气液混合比为 1:1 ～ 1:3。

4. 型腔电解加工实例

　　用 $NaNO_3$ 混气加工如图 16 - 3 所示的锻模型腔。

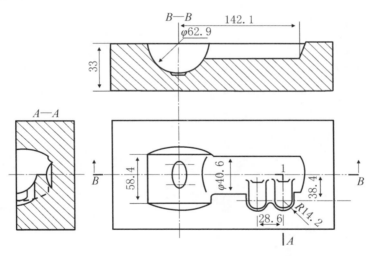

图 16 - 3　锻模型腔

其加工工艺参数如表 16 - 4 所示。

表 16-4 加工工艺参数

加工深度/mm		3	11	13	14	15.25	18	26	33
加工速度/ (mm/min)		0.25	0.25	0.25	0.25	0.25	0.34	0.34	0.34
加工电压/V		21	20	20	20	20	19	17.5	17.5
加工电流/A		200	600	800	800	1500	2400	3000	3600
电解液	压力/MPa	0.65	0.68	0.8	1.1	1.1	1.1	1.3	1.18
	流量/ (m³/h)	11.5	12	8	7.4	6.0	5.2	5.0	5.0
混入气体	压力/MPa	0.65	0.68	0.8	1.1	1.1	1.1	1.13	1.18
	流量/ (m³/h)	96	96	96	96	96	96	96	96
气液混合比	工作压力下	3.27	3.07	4.26	3.92	4.82	5.57	5.78	5.64
	标准大气压下	21.3	20.9	34.1	43.2	53.1	61.4	65	66.6

电解液成分 NaNO₃	电解液密度/ (g/cm³)	电解液温度/℃	液体密度/ m³/ (h·cm)	周长面积比	电流密度 I (最大时) / (A/cm²)
	1.13	18	0.058	1:2.74	41.6

附　录

附表 1　标准公差值（摘自 GB 1800～1804—79）

基本尺寸 /mm	公　　差　　等　　级							
	IT5	IT6	IT7	IT8	IT9	IT10	IT11	IT12
>6～10	6	9	15	22	36	58	90	150
>10～18	8	11	18	27	43	70	110	180
>18～30	9	13	21	33	52	84	130	210
>30～50	11	16	25	39	62	100	160	250
>50～80	13	19	30	46	74	120	190	300
>80～120	15	22	35	54	87	140	220	350
>120～180	18	25	40	63	100	160	250	400
>180～250	20	29	46	72	115	185	290	460
>250～315	23	32	52	81	130	210	320	520
>315～400	25	36	57	89	140	230	360	570
>400～500	27	40	63	97	155	250	400	630

附表2　孔的极限差值（基本尺寸由大于 10～315mm，摘自 GB 1800～1804—79）　μm

公差带	等级	基本尺寸/mm							
		>0～18	>18 ～30	>30 ～50	>50 ～80	>80 ～120	>120 ～180	>180 ～250	>250 ～315
D	8	+77 +50	+98 +65	+119 +80	+146 +100	+174 +120	+208 +145	+242 +170	+271 +190
	▼9	+93 +50	+117 +65	+142 +80	+174 +100	+207 +120	+245 +145	+285 +170	+320 +190
	10	+120 +50	+149 +65	+180 +80	+220 +100	+260 +120	+305 +145	+355 +170	+400 +190
	11	+160 +50	+195 +65	+240 +80	+290 +100	+340 +120	+395 +145	+460 +170	+510 +190
E	6	+43 +32	+53 +40	+66 +50	+79 +60	+94 +72	+110 +85	+129 +100	+142 +110
	7	+50 +32	+61 +40	+75 +50	+90 +60	+107 +72	+125 +85	+146 +100	+162 +110
	8	+59 +32	+73 +40	+89 +50	+106 +60	+126 +72	+148 +85	+172 +100	+191 +110
	9	+75 +32	+92 +40	+112 +50	+134 +60	+159 +72	+185 +85	+215 +100	+240 +110
	10	+102 +32	+124 +40	+150 +50	+180 +60	+212 +72	+245 +85	+285 +100	+320 +110
F	6	+27 +16	+33 +20	+41 +25	+49 +30	+58 +36	+68 +43	+79 +50	+88 +56
	7	+34 +16	+41 +20	+50 +25	+60 +30	+71 +36	+83 +43	+96 +50	+108 +56
	▼8	+43 +16	+53 +20	+64 +25	+76 +30	+90 +36	+106 +43	+122 +50	+137 +56
	9	+59 +16	+72 +20	+87 +25	+104 +30	+123 +36	+143 +43	+165 +50	+186 +56
H	6	+11 0	+13 0	+16 0	+19 0	+22 0	+25 0	+29 0	+32 0
	▼7	+18 0	+21 0	+25 0	+30 0	+35 0	+40 0	+46 0	+52 0

公差带	等级	基本尺寸/mm							
		>0～18	>18 ～30	>30 ～50	>50 ～80	>80 ～120	>120 ～180	>180 ～250	>250 ～315
H	▼8	+27 0	+33 0	+39 0	+46 0	+54 0	+63 0	+72 0	+81 0
	▼9	+43 0	+52 0	+62 0	+74 0	+87 0	+100 0	+115 0	+130 0
	10	+70 0	+84 0	+100 0	+120 0	+140 0	+160 0	+185 0	+210 0
	▼11	+110 0	+130 0	+160 0	+190 0	+220 0	+250 0	+290 0	+320 0
K	6	+2 -9	+2 -11	+3 -13	+4 -15	+4 -18	+4 -21	+5 -24	+5 -27
	▼7	+6 -12	+6 -15	+7 -18	+9 -21	+10 -25	+12 -28	+13 -33	+16 -36
	8	+8 -19	+10 -23	+12 -27	+14 -32	+16 -38	+20 -43	+22 -50	+25 -56
N	6	-9 -20	-11 -28	-12 -24	-14 -33	-16 -38	-20 -45	-22 -51	-25 -57
	▼7	-5 -23	-7 -28	-8 -33	-9 -39	-10 -45	-12 -52	-14 -60	-14 -66
	8	-3 -30	-3 -36	-3 -42	-4 -50	-4 -58	-4 -67	-5 -77	-5 -86
P	6	-15 -26	-18 -31	-21 -37	-26 -45	-30 -52	-36 -61	-41 -70	-47 -79
	▼7	-11 -29	-14 -35	-17 -42	-21 -51	-24 -59	-28 -68	-33 -79	-36 -88

附表3　轴的极限偏差（基本尺寸由大于 10～315mm，摘自 GB 1800～1804—79）　μm

公差带	等级	基本尺寸/mm							
		>10～18	>18～30	>30～50	>50～80	>80～120	>120～180	>180～250	>250～315
d	6	−50 −61	−65 −78	−80 −96	−100 −119	−120 −142	−145 −170	−170 −199	−190 −222
	7	−50 −68	−65 −86	−80 −105	−100 −130	−120 −155	−145 −185	−170 −216	−190 −242
	8	−50 −77	−65 −98	−80 −119	−100 −146	−120 −174	−145 −208	−170 −242	−190 −271
	▼9	−50 −93	−65 −117	−80 −142	−100 −174	−120 −207	−145 −245	−170 −285	−190 −320
	10	−50 −120	−65 −149	−80 −180	−100 −220	−120 −260	−145 −305	−170 −355	−190 −400
f	▼7	−16 −34	−20 −41	−25 −50	−30 −60	−36 −71	−43 −83	−50 −96	−56 −108
	8	−16 −43	−20 −53	−25 −64	−30 −76	−36 −90	−43 −106	−50 −122	−56 −137
	9	−16 −59	−20 −72	−25 −87	−30 −104	−36 −123	−43 −143	−50 −165	−56 −186
g	5	−6 −14	−7 −16	−9 −20	−10 −23	−12 −27	−14 −32	−15 −35	−17 −40
	▼6	−6 −17	−7 −20	−9 −25	−10 −29	−12 −34	−14 −39	−15 −44	−17 −49
	7	−6 −24	−7 −28	−9 −34	−10 −40	−12 −47	−14 −54	−15 −61	−17 −69
h	5	0 −8	0 −9	0 −11	0 −13	0 −15	0 −18	0 −20	0 −23
	▼6	0 −11	0 −13	0 −16	0 −19	0 −22	0 −25	0 −29	0 −32
	▼7	0 −18	0 −21	0 −25	0 −30	0 −35	0 −40	0 −46	0 −52
	8	0 −27	0 −33	0 −39	0 −46	0 −54	0 −63	0 −72	0 −81

公差带	等级	基本尺寸/mm							
		>10～18	>18～30	>30～50	>50～80	>80～120	>120～180	>180～250	>250～315
h	▼9	0 / −43	0 / −52	0 / −62	0 / −74	0 / −87	0 / −100	0 / −115	0 / −130
K	5	+9 / +1	+11 / +2	+13 / +2	+15 / +2	+18 / +3	+21 / +3	+24 / +4	+27 / +4
	▼6	+12 / +1	+15 / +2	+18 / +2	+21 / +2	+25 / +3	+28 / +3	+33 / +3	+36 / +4
	7	+19 / +1	+23 / +2	+27 / +2	+32 / +2	+38 / +3	+43 / +3	+50 / +4	+56 / +4
M	5	+15 / +7	+17 / +8	+20 / +9	+24 / +11	+28 / +13	+33 / +15	+37 / +17	+43 / +20
	6	+18 / +7	+21 / +8	+25 / +9	+30 / +11	+35 / +13	+40 / +15	+46 / +17	+52 / +20
	7	+25 / +7	+29 / +8	+34 / +9	+41 / +11	+48 / +13	+55 / +15	+63 / +17	+72 / +20
N	5	+20 / +12	+24 / +15	+28 / +17	+33 / +22	+38 / +23	+45 / +27	+51 / +31	+57 / +34
	▼6	+23 / +12	+28 / +15	+33 / +17	+39 / +20	+45 / +23	+52 / +27	+60 / +31	+66 / +34
	7	+30 / +12	+36 / +15	+42 / +17	+50 / +20	+58 / +23	+67 / +27	+77 / +31	+86 / +34
p	5	+26 / +18	+31 / +22	+37 / +26	+45 / +32	+52 / +37	+61 / +43	+70 / +50	+79 / +56
	▼6	+29 / +18	+35 / +22	+42 / +26	+51 / +32	+59 / +37	+68 / +43	+79 / +50	+88 / +56
	7	+36 / +18	+43 / +22	+51 / +26	+62 / +32	+72 / +37	+83 / +43	+96 / +50	+108 / +56

注：标注▼者为优先公差等级，应优先选用。

附表 4　形位公差符号（摘自 GB 1182～1184—80）

分类	形状公差				位置公差							
项目	直线度	平面度	圆度	圆柱度	平行度	垂直度	倾斜度	同轴度	对称度	位置度	圆跳动	全跳动
符号	⏤	▱	○	⌭	∥	⊥	∠	◎	⌯	⌖	↗	⌰

附表 5　圆度和圆柱度公差　　　　　　　　　　　　　　　μm

主参数 d（D）图例

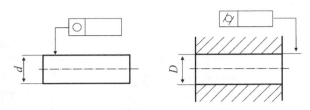

公差等级	主参数 d（D）/mm											应用举例
	>6~10	>10~18	>18~30	>30~50	>50~80	>80~120	>120~180	>180~250	>250~315	>315~400	>400~500	
5	1.5	2	2.5	2.5	3	4	5	7	8	9	10	安装 E、C 级滚动轴承的配合面，通用减速器的轴颈，一般机床的主轴
6	2.5	3	4	4	5	6	8	10	12	13	15	
7	4	5	6	7	8	10	12	14	16	18	20	千斤顶或压力油缸的活塞，水泵及减速器的轴颈，液压传动系统的分配机构
8	6	8	9	11	13	15	18	20	23	25	27	
9	9	11	13	16	19	22	25	29	32	36	40	起重机、卷扬机用滑动轴承等
10	15	18	21	25	30	35	40	46	52	57	63	

附表6　直线度和平面度公差　　　　　　　μm

主参数 L 图例

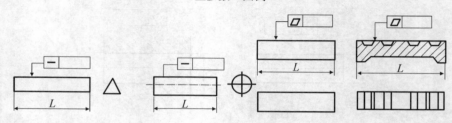

公差等级	主要参数 L/mm										应用举例
	≤10	>10 ～16	>16 ～25	>25 ～40	>40 ～63	>63 ～100	>100 ～160	>160 ～250	>250 ～400	>400 ～630	
5	2	2.5	3	4	5	6	8	10	12	15	普通精度的机床导轨
6	3	4	5	6	8	10	12	15	20	25	
7	5	6	8	10	12	15	20	25	30	40	轴承体的支承面，减速器的壳体，轴系支承轴承的接合面
8	8	10	12	15	20	25	30	40	50	60	
9	12	15	20	25	30	40	50	60	80	100	辅助机构及手动机械的支承面，液压管件和法兰的连接面
10	20	25	30	40	50	60	80	100	120	150	

附表 7　平行度、垂直度和倾斜度公差　　　　μm

主参数 L、d（D）图例

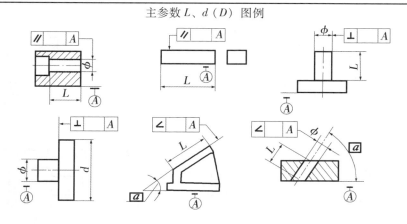

公差等级	主要参数 L、d（D）/mm										应用举例
	≤10	>10～16	>16～25	>25～40	>40～63	>63～100	>100～160	>160～250	>250～400	>400～630	
5	5	6	8	10	12	15	20	25	30	40	垂直度用于发动机的轴和离合器的凸缘，装 D、E 级轴承和装 C、D 级轴承之箱体的凸肩
6	8	10	12	15	20	25	30	40	50	60	平行度用于中等精度钻模的工作面，7～10 级精度齿轮传动壳体孔的中心线
7	12	15	20	25	30	40	50	60	80	100	垂直度用于装 F、G 级轴承之壳体孔的轴线，按 h6 与 g6 连接的锥形轴减速机的机体孔中心线
8	20	25	30	40	50	60	80	100	120	150	平行度用于重型机械轴承盖的端面、手动传动装置中的传动轴

附表8　同轴度、对称度、圆跳动和全跳动公差确良　　　　　μm

主参数 *d*（*D*）、*B*、*L* 图例

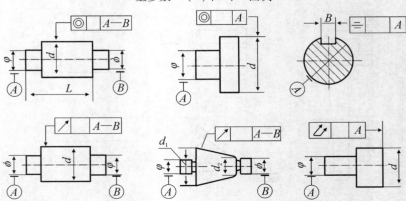

公差等级	主参数 *d*（*D*）、*B*、*L*/mm								应用举例
	>3~6	>6~10	>10~18	>18~30	>30~50	>50~120	>120~250	>250~500	
5	3	4	5	6	8	10	12	15	6 和 7 级精度齿轮轴的配合面，较高精度的快速轴，较高精度机床的轴套
6	5	6	8	10	12	15	20	25	
7	8	10	12	15	20	25	30	40	8 和 9 级精度齿轮轴的配合面，普通精度高速轴（100r/min 以下），长度在 1m 以下的主传动轴，起重运输机的鼓轮配合孔和导轮的滚动面
M	12	15	20	25	30	40	50	60	

附表 9　表面粗糙度 R_a 值的应用范围

粗糙度代号 I	粗糙度代号 II	光洁度代号	表面形状、特征	加工方法	应用范围
∇	∽		除净毛刺	铸、锻、冲压、热轧、冷轧	用于保持原供应状况的表面
25 ∇	12.5 ∽	∇3	微见刀痕	粗车，刨，立铣，平铣，钻	毛坯粗加工后的表面
12.5 ∇	6.3 ∇	∇4	可见加工痕迹	车，镗，刨，钻，平铣，立铣，锉，粗铰，磨，铣齿	比较精确的粗加工表面，如车端面、倒角
6.3 ∇	3.2 ∇	∇5	微见加工痕迹	车，镗，刨，铣，刮 1～2 点/cm²，拉，磨，锉滚压，铣齿	不重要零件的非结合面，如轴、盖的端面，倒角，齿轮及皮带轮的侧面，平键及键槽的上下面，轴或孔的退刀槽
3.2 ∇	1.6 ∇	∇6	看不见加工痕迹	车，镗，刨，铣，铰，拉，磨，滚压，铣齿，刮 1～2 点/cm²	IT12 级公差的零件的结合面，如盖板、套筒等与其他零件连接但不形成配合的表面，齿轮的非工作面，键与键槽的工作面，轴与毡圈的摩擦面
1.6 ∇	0.8 ∇	∇7	可辨加工痕迹的方向	车，镗，拉，磨，立铣，铰，滚压，刮 3～10 点/cm²	IT12～IT8 级公差的零件的结合面，如皮带轮的工作面，普通精度齿轮的齿面，与低精度滚动轴承相配合的箱体孔
0.8 ∇	0.4 ∇	∇8	微辨加工痕迹的方向	铰，磨，镗，拉，滚压，刮 3～10 点/cm²	IT8～IT6 级公差的零件的结合面，与齿轮、蜗轮、套筒等的配合面，与高精度滚动轴承相配合的轴颈，7 级精度大小齿轮的工作面，滑动轴承、轴瓦的工作面，7～8 级精度蜗杆的齿面

续附表 9

粗糙度代号		光洁度代号	表面形状、特征	加工方法	应用范围
I	II				
0.4 ∇	0.2 ∇	∇9	不可辨加工痕迹的方向	布轮磨，磨，研磨，超级加工	IT5、IT6 级公差的零件的结合面，与 C 级精度滚动轴承配合的轴颈；3、4、5 级精度齿轮的工作面
0.2 ∇	0.1 ∇	∇10	暗光泽面	超级加工	仪器导轨表面，要求密封的液压传动的工作面，塞的外表面，活汽缸的内表面

注：① 粗糙度代号 I 为第一种过渡方式。它是取新国家标准中相应最靠近的下一挡的第 1 系列值，如原光洁度（旧国家标准）为 ∇5，R_a 的最大允许值取 6.3μm。因此，在不影响原表面粗糙度要求的情况下，取该值有利于加工。

② 粗糙度代号 II 为第 2 种过渡方式。它是取新国家标准中相应最靠近的上一挡的第 1 系列值，如原光洁度为 ∇5，R_a 的最大允许值取 3.2μm。因此，在不影响原表面粗糙度要求的情况下，取该值提高了原表面粗糙度的要求和加工的成本。

参 考 文 献

［1］杨桂府. 模具制造技术基础［M］. 北京：清华大学出版社，2007.

［2］黄毅宏，李明辉. 模具制造工艺［M］. 北京：机械工业出版社，1998.

［3］杨殿英. 机械制造工艺［M］. 北京：机械工业出版社，2009.

［4］黄毅宏. 模具制造工艺［M］. 北京：机械工业出版社，2011.

［5］孙凤勤. 模具制造工艺与设备（高职类）［M］. 北京：机械工业出版社，2012.

［6］张荣清. 模具制造工艺［M］. 北京：高等教育出版社，2008.

［7］宋昭祥. 机械制造基础［M］. 北京：机械工业出版社，1998.

［8］吉田弘美. 模具加工技术［M］. 上海：上海交通大学出版社，1987.

［9］苏建修. 机械制造基础［M］. 北京：机械工业出版社，2001.

［10］任鸿烈，等. 塑料成型模具制造技术［M］. 广州：华南理工大学出版社，1989.

［11］史美堂. 金属材料及热处理［M］. 上海：上海科学技术出版社，1980.

［12］黄丽荣. 金属材料及热处理［M］. 大连：大连理工大学出版社，2011.

［13］冯英宇. 金属材料及热处理［M］. 北京：化学工业出版社，2012.